Günter Nimtz und Astrid Haibel
Tunneleffekt – Räume ohne Zeit

Vom Urknall zum Wurmloch

Günter Nimtz und Astrid Haibel

Tunneleffekt – Räume ohne Zeit

Vom Urknall zum Wurmloch

*Mit einem Geleitwort des Astronauten
Prof. Ulrich Walter*

WILEY-VCH Verlag GmbH & Co. KGaA

Autoren
Prof. Dr. Günter Nimtz
Universität zu Köln
II. Physikalisches Institut
Experimentelle Festkörperphysik

Dr. Astrid Haibel
Hahn-Meitner-Institut Berlin

1. Auflage

Das vorliegende Werk wurde sorgfältig erarbeitet. Dennoch übernehmen Autor und Verlag für die Richtigkeit von Angaben, Hinweisen und Ratschlägen sowie für eventuelle Druckfehler keine Haftung.

Bibliografische Information
Der Deutschen Bibliothek
Die Deutsche Bibliothek verzeichnet diese Publikation in der Deutschen Nationalbibliografie; detaillierte bibliografische Daten sind im Internet über http://dnb.ddb.de abrufbar.

Das Titelbild: Das Foto zeigt eine Aufnahme des Hubble Space Telescope. Es handelt sich um einen Ausschnitt aus dem Tarantelnebel „NGC2070" zusammen mit dem Sternenhaufen „Hodge 301" unten rechts (Foto: Hubble Heritage Team).

© 2004 WILEY-VCH GmbH & Co. KGaA, Weinheim

Alle Rechte, insbesondere die der Übersetzung in andere Sprachen vorbehalten. Kein Teil dieses Buches darf ohne schriftliche Genehmigung des Verlages in irgendeiner Form – durch Photokopie, Mikroverfilmung oder irgendein anderes Verfahren – reproduziert oder in eine von Maschinen, insbesondere von Datenverarbeitungsmaschinen, verwendbare Sprache übertragen oder übersetzt werden.

Printed in the Federal Republic of Germany
Gedruckt auf säurefreiem Papier

Druck   Strauss Offsetdruck GmbH, Mörlenbach
Bindung   Großbuchbinderei J. Schäffer GmbH & Co. KG, Grünstadt

ISBN   3-527-40440-6

Inhaltsverzeichnis

Geleitwort: Raffiniert ist der Herrgott	7
Vorwort	11

1 Einleitung   13
    1.1 Der Tunnelprozess 13
    1.2 Zeit, Raum und Geschwindigkeit 18

2 Zeit- und Raummaße   29
    2.1 Zeitmaße: Herzschlag, Tag und Jahr 30
    2.2 Längenmaße: Fuß, Meter und Lichtjahr 33

3 Biologisches Zeitmaß   41
    3.1 Wahrnehmung, Gedanken, Gehirntätigkeit, Gedächtnis 41
    3.2 Die biologische Zeiteinheit 43

4 Geschwindigkeiten   45
    4.1 Definition der Geschwindigkeiten 48
    4.2 Bestimmung einer Geschwindigkeit 50
    4.3 Wechselwirkungsprozesse 55
    4.4 Signale 59
    4.5 Von Galilei über Newton und Einstein zur Quantenmechanik 63

5 Überlichtschnelle und zeitlose Phänomene — 69

- 5.1 Der Tunnelprozess: Räume ohne Zeit 70
  - 5.1.1 Der Tunneleffekt 70
  - 5.1.2 Die Tunnelzeit................ 87
- 5.2 Photonische Tunnelstrukturen 93
  - 5.2.1 Das Doppelprisma 95
  - 5.2.2 Das Viertel-Wellenlängen- oder $\lambda/4$-Gitter 104
  - 5.2.3 Der unterdimensionierte Hohlleiter 108
- 5.3 Tunnelgeschwindigkeit 111
  - 5.3.1 Bestimmung der Tunnelzeit am Doppelprisma................ 112
  - 5.3.2 Bestimmung der Tunnelzeit am $\lambda/4$-Gitter 115
  - 5.3.3 Bestimmung der Tunnelzeit am verengten Hohlleiter 118
  - 5.3.4 Zusammenfassung der Tunnelzeitmessergebnisse 118
- 5.4 Kausalität 121
- 5.5 Nichtlokalität: Reflexion am Tunnel 125
- 5.6 Universale Beziehung zwischen Tunnelzeit und Signal- bzw. Teilchenfrequenz 129
- 5.7 Wurmlöcher und Raum–Zeit–Blasen (Wormholes und Warp-Drives) 133

6 Zusammenfassung — 141

Literaturverzeichnis — 143

Register — 147

Raffiniert ist der Herrgott

Licht schneller als Lichtgeschwindigkeit. Licht, das man anhält und dann wieder loslässt. Kann es das geben? Hatte Einstein letztendlich doch nicht Recht?

Dies sind die Fragen, die seit 1994 die Physiker bewegen, als einer der Verfasser dieses Buches, Prof. Nimtz, Mozarts 40. Sinfonie mit 4,7–facher Lichtgeschwindigkeit durch eine sogenannte Tunnelstrecke jagte und die Klänge auf der anderen Seite in voller Schönheit vernehmbar waren. Die Emotionen kochten hoch, als Nimtz und sein Mitarbeiter Enders ihre damals noch etwas vagen Ergebnisse dieses sogenannten superluminalen Tunneleffektes auf der alljährlichen Frühjahrstagung der Deutschen Physikalischen Gesellschaft, damals in Freudenstadt, vorstellten. Auch ich konnte damals als Zuhörer nicht glauben, dass das Fundament der Relativitätstheorie, das sogenannte Einsteinsche Postulat *„Nichts breitet sich schneller aus als Lichtgeschwindigkeit."*, bröckelig sein sollte. Inzwischen wissen wir es besser. Wir sind Zeitzeugen eines seltenen Ereignisses: Eines Paradigmenwechsels in der Physik. Wir müssen akzeptieren, dass selbst die Relativitätstheorie nicht der heilige Gral der Physik ist. Sie ist eine makroskopische, lokale Theorie. Genau das sind ihre Grenzen. Aufgrund ihrer makroskopischen Konstruktion wird sie uns nie Auskunft über die kleinsten Vorgänge in der Natur auf atomarer Ebene geben können. Das kann nur die Quantenmechanik. Weil sie außerdem lokaler Natur ist, werden wir aus ihr allein nie ableiten können, ob unser Universum endlich oder vielleicht gar unendlich groß ist. Selbst ein sogenanntes flaches oder hyperbolisches Universum, das viele per se für unendlich groß halten, könnte eine globale Topologie besitzen, die das Universum letztlich nur endlich groß sein lässt. Nimtz' Ergebnisse, die der Quanteneigenschaften der Natur entspringen, zwingen uns also dazu, eine Wahrheit jenseits der Relativitätstheorie, die wir noch nicht erfasst haben, zu akzeptieren.

Hieße das, jede wissenschaftliche Theorie ist falsch, weil sie bereits morgen schon durch eine neue ersetzt werden könnte, deren Resultate unser heutiges Wissen total über den Haufen werfen? Diese Vermutung, die zugleich den Verfall des Wissens beklagt, wird in den letzten Jahren immer häufiger, insbesondere von den Medien, proklamiert. So hieß es im August 2001 im Feuilleton der *Die Zeit*: *„Angesichts der rapid sinkenden Halbwertszeit des Wissens in einer sich immer rascher transformierenden Welt steht jeder Großentwurf [wissenschaftlicher Theorien] vor der Notwendigkeit und zugleich Unmöglichkeit, sein morgiges Schicksal als intellektuelle Mode von gestern ins eigene Theoriedesign einzubauen."*

Hier manifestiert sich ein Mythos, der unsere Gesellschaft seit längerem durchzieht, der von der Halbwertszeit unseres Wissens. Damit wird suggeriert, unser Wissen werde etwa alle fünf Jahre durch neues Wissen auf den Kopf gestellt. Unsere Welt ändert sich rasend schnell, warum nicht auch unser Wissen? Das klingt logisch, also wird es schon wahr sein, so könnte man meinen. Ein gravierender Irrtum! Newtons Gravitationstheorie ist auch im Lichte der Allgemeinen Relativitätstheorie noch richtig. Auch das Periodensystem der Elemente hat seit Jahrhunderten nicht im geringsten an seiner Gültigkeit verloren und mathematische Beweise gelten seit Pythagoras und Plato als Spiegel ewiger, metaphysischer Wahrheiten. Richtig ist, dass sich die Menge wissenschaftlicher Erkenntnis etwa alle fünf Jahre verdoppelt. Aber das hinzu gewonnene Wissen stellt gesichertes Wissen nicht in Frage, sondern weitet es auf Grenzgebiete aus, die bis dahin nicht beachtet wurden. So hat die Allgemeine Relativitätstheorie Einsteins die Newtonsche Theorie lediglich erweitert, sie jedoch nie in ihrem klassischen Anwendungsbereich widerlegt. Auch heute noch fällt der Apfel vom Ast auf den Boden und nicht umgekehrt.

Wie verhält sich nun der superluminale Tunneleffekt zur Relativitätstheorie? Es ist müßig darüber zu streiten, ob der superluminale Tunneleffekt dem Einsteinschen Postulat widerspricht, denn sein Postulat bezieht sich auf den freien Raum, während der Tunnelbereich eindeutig nicht-freier Raum ist. Genau an dieser Stelle offenbart sich die Evolution physikalischer Theorien. So wie die Relativitätstheorie die Newtonschen Theorie auf den Bereich nahe Lichtgeschwindigkeit und starke Gravitationsfelder erweiterte, erweitert die Quantenmechanik die Relativitätstheorie unter anderem auf Bereiche, die klassischerweise verboten sind: auf Tunnelbereiche. Und diese nichtklassische Erweiterung impliziert nun einmal Überlichtgeschwindigkeiten.

Diese Kröte könnten Physiker schlucken, wenn es mit ihr nicht ein anderes, potentielles Problem gäbe. Es lässt sich zeigen, dass durch das Einsteinsche Postulat die sogenannte Kausalität, also die universelle Beibehaltung der Reihenfolge von Ursache und Wirkung zweier Ereignisse, stets gewahrt bleibt. Wenn also an *irgendeinem* Ort in diesem Universum zuerst eine Ursache und dann ihre Wirkung eintritt, dann gibt es *keinen* Ort in diesem Universum, an dem diese Wirkung vor ihrer Ursache beobachtet wird. Dieses Grundprinzip unseres Universums ist von dem Philosophen J. L. Mackie einmal als „*Zement des Universums*" bezeichnet worden. Das Problem ist nun: Für superluminale Lichtwellen im freien Raum ist keine Kausalität mehr garantiert. Die Wirkung kann vor der Ursache kommen. Menschen könnten vor ihrer Geburt existieren!

Löst sich dieser Zement nun durch den von Nimtz entdeckten superluminalen Tunneleffekt auf? Würde die Superluminosität im freien Raum gelten, dann wäre der Supergau in der Physik tatsächlich eingetreten. Doch wie sagte Einstein einmal: „*Raffiniert ist der Herrgott, aber boshaft ist er nicht.*" Wie die Autoren im Kapitel 5.4 dieses Buches nämlich nachweisen, bleibt uns auch beim Tunneleffekt der Zement erhalten, *obwohl* das Signal mit Tunnel schneller ist als Licht ohne Tunnel. Nicht das Einsteinsche Postulat, sondern die allgemeine Kausalität scheint somit das allem zugrunde liegende Prinzip in der Natur zu sein.

Auch wenn der Herrgott uns wenigstens das absolut Notwendige, die innere Logik des Universums, belässt, so zwingt er uns doch, andere uns lieb gewonnenen Vorstellungen aufzugeben. Denn die Reihenfolge von Ursache und Wirkung mag zwar überall gleich sein, aber ihr zeitlicher Abstand, ja sogar die Zeit selbst, kann sich für verschiedene Beobachter im Universum ändern. Zeit ist nicht universell! Meine Zeit *war* einmal anders. Auf meiner Shuttle-Mission im Jahre 1993 verging meine Zeit langsamer als die jeder anderen Person auf der Erde. Daher habe ich 0,254 Millisekunden weniger Zeit erlebt, als jeder daheim gebliebene. Das konnte man mit Atomuhren messen. Das mag sich paradox anhören, aber es war tatsächlich so, und es ist äußerst schwierig, diesen Zeitdehnungseffekt wirklich zu verstehen. Denn nicht die Atomuhren haben lediglich eine andere Zeit angezeigt, sondern die Zeit selbst, die die Atomuhren maßen, verlief langsamer – wovon ich selbst jedoch nichts merkte. Das Ergebnis: Ich bin biologisch jünger geblieben! Zugegeben, nicht besonders viel, aber immerhin.

Die Physik hält also immer noch so manche Überraschung bereit. Dieses Buch erzählt uns eine davon. Ich bin davon überzeugt, dass noch viele weitere raffinierte kommen werden. Genauso wie Einstein bin ich aber auch davon überzeugt, dass unser Herrgott die Logik dieser Welt aus Boshaftigkeit nie aus den Angeln heben wird.

Prof. Dr. Ulrich Walter
D–2 Astronaut
Lehrstuhl für Raumfahrttechnik
Technische Universität München

Vorwort

Zu Beginn des 20. Jahrhunderts entwickelte Albert Einstein die Relativitätstheorie und revolutionierte damit unsere Vorstellungen von Raum und Zeit [1]. Die Entwicklung der Quantentheorie durch Erwin Schrödinger, Werner Heisenberg, Paul Dirac und Wolfgang Pauli führte zur Klärung des Welle–Teilchen–Dualismus des Lichtes und zur schwer vorstellbaren Erkenntnis, dass in der Mikrowelt Kausalität und Determinismus unscharf werden. Dies war der Beginn der modernen Physik.

Seitdem werden immer wieder faszinierende neue Effekte dieser Naturgesetze entdeckt. Eines dieser aufregenden Phänomene ist der *Tunneleffekt* und die damit verbundene *Zeitlosigkeit im Tunnel*, der dieses Buch gewidmet ist.

Seit den ersten Veröffentlichungen unserer Forschungsergebnisse auf dem Gebiet des Tunnelns besteht ein unerwartet reges Interesse an diesen Arbeiten. Zeitschriften berichteten darüber, Einladungen zu öffentlichen Vorträgen folgten, mehrere Fernsehteams versuchten in dunklen Laboratorien den Tunneleffekt im Bild festzuhalten, Schulklassen besuchten uns, um die Experimente zu verfolgen. In zahlreichen Internetforen diskutieren Befürworter und Gegner seitenlang über das Tunnelphänomen. Nicht zuletzt sind wir inzwischen im Besitz mehrerer Ordner mit Bauanleitungen für Zeitmaschinen und Perpetuum Mobiles, die uns von begeisterten Fans zugesendet wurden.

Mit diesem Buch möchten wir, eingeordnet in den geschichtlichen Rahmen, den Tunneleffekt und seine Konsequenzen nahezu formelfrei und anschaulich erklären, von der ersten erfolgreichen Messung der Endlichkeit der Lichtgeschwindigkeit durch Ole Rømer, bis zur Entdeckung der Überlichtgeschwindigkeit beim Tunnelprozess und der technischen Nutzung des Tunneleffekts z.B. in der Optoelektronik und der Halbleitertechnik. Es werden sowohl die naturphilosophischen und technischen Probleme als auch die Grenzen der Nutzbarkeit des Effektes sowie mögliche Anwendungsgebiete aufgezeigt.

Bedanken möchten wir uns für den Rat und die Unterstützung bei der Entstehung dieses Buches bei Frau Prof. U. Haibel, Frau C. Becker, Herrn Prof. U. Kindermann, Herrn Prof. P. Mittelstaedt, Frau B. Neugebauer und Herrn Dr. R.–M. Vetter.

Köln, September 2003　　　　*Günter Nimtz*　　*Astrid Haibel*

1 Einleitung

1.1 Der Tunnelprozess

Es gibt eine Vielzahl populärer Aufsätze über die Zeit, über die Geschichte des Weltalls und über die Möglichkeit von Zeitreisen. Jedoch nur wenig wird über das Tunneln berichtet. Dabei ist der Tunnelprozess die Grundlage für die Entstehung des Weltalls und somit des Lebens. Entdeckt wurde der Tunnelprozess im

Abb. 1.1: Physiker Antoine Henri Becquerel (1852–1908). Er entdeckte die natürliche Radioaktivität. © *Bettmann/CORBIS*

Zusammenhang mit dem radioaktiven Zerfall großer Atomkerne im Jahr 1896 durch Antoine Henri Becquerel (1852–1908) und mit mehr Systematik untersucht durch das Ehepaar Marie und Pierre Curie (1867-1934 und 1859-1906). (Marie Curie war eine Schülerin Becquerels. Sie führte dessen Forschung weiter.) Gemeinsam mit Becquerel erhielten die Curies 1903 den Nobelpreis für Physik *„für die Entwicklung und Pionierleistung auf dem Gebiet der spontanen Radioaktivität und der Strahlungsphänomene"*. Die Erklärung des α-Zerfalls als quantenmechanischen

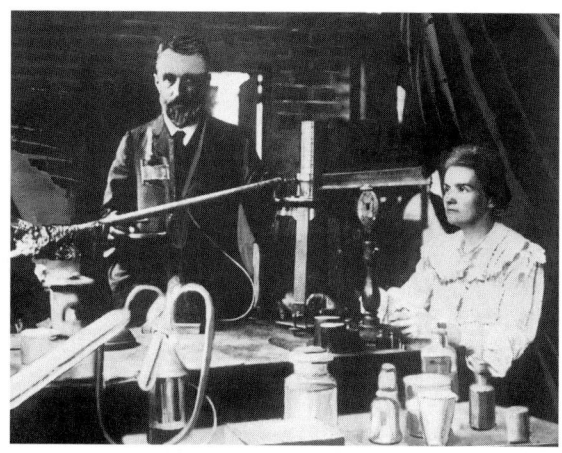

Abb. 1.2: Das Ehepaar Marie und Pierre Curie (1867-1934 und 1859-1906) in ihrem Laboratorium. © *Bettmann/CORBIS*

Tunneleffekt erfolgte erst um 1928 gleichzeitig und unabhängig voneinander durch die Physiker George Gamow (1904–1975) sowie durch Edward U. Condon (1902-1974) und Ronald W. Gurney.

Nach dem heutigen Stand der Quantenkosmologie begann auch unser Universum mit einem Tunnelprozess, mit dem Urknall, dem sogenannten Big Bang. Ein stationärer Raumzeit–Zustand mit unendlich großer Dichte und unendlich kleiner Dimension tunnelte in unsere Welt und dehnte sich schließlich in unseren heutigen Zustand des Weltalls aus.

1.1 Der Tunnelprozess

Das Prinzip des Tunnelns lässt sich in einem einfachen Bild veranschaulichen: Teilchen wie z.B. Photonen, Elektronen, Kernteilchen oder sogar Atome und Moleküle können Berge überwinden, obwohl ihnen die Energie zum Aufstieg auf den Gipfel fehlt. Sie gelangen auf die andere Seite eines Berges, indem sie *hindurchtunneln*. Der Vorgang ist gleichwohl nicht einfach zu verstehen, denn die *Berge*, denen die Elementarteilchen gegenüberstehen, haben keine Tunnelröhren, und sie bestehen auch nicht aus einem zarten Schaum, den zu durchstoßen es keiner großen Anstrengung bedürfte. Es handelt sich vielmehr um undurchdringliche Berge – unüberwindliche Barrieren, die der Physiker *Potenzialbarrieren* nennt. So wie für den Menschen ein Bergmassiv undurchdringlich ist, wirken die Anziehungskräfte der Teilchen in einem Atomkern wie eine unüberwindliche Barriere. Die Kernteilchen werden durch diese Anziehungskräfte wie in einem Talkessel zusammengehalten. Für das Licht, das aus Lichtteilchen – sogenannten Photonen – besteht, bilden beispielsweise die Elektronenhüllen vieler Atome eine Barriere; diese Atome sind für Lichtquanten gleichsam harte Hindernisse, wie Mauern für Tennisbälle.

Trotzdem gelingt es einigen Teilchen nach einer gewissen Zeit plötzlich, den scheinbar unüberwindbaren Potenzialberg zu durchdringen. Eine Illustration zum merkwürdigen Tunnelvorgang zeigt Abbildung 1.3. Der Einbrecher würde gern mit der Beute einfach durch die Wand entschwinden.

Dies ermöglicht der Tunnelprozess beispielsweise beim radioaktiven Zerfall von Atomen, wie von Uran, das durch Abstrahlen von α– und β–Teilchen (das sind Heliumkerne bzw. Elektronen) über mehrere Stufen in das von Marie Curie entdeckte Radium und schließlich in Blei zerfällt. Der radioaktive Zerfall wird seit Anfang des zwanzigsten Jahrhunderts häufig für diagnostische und therapeutische Zwecke in der Medizin eingesetzt, im Kernkraftwerk spielt der radioaktive Zerfall der Kerne die zentrale

Abb. 1.3: Einbrechern käme der Tunneleffekt sehr gelegen...

Rolle als Energiequelle.

Tunnelprozesse ermöglichen nicht nur das Zerfallen von Atomkernen, sondern auch den Aufbau größerer Atomkerne, die sogenannte Fusion von Atomkernen. So herrschen z.B. sogar im Innern der Sonne für eine Kernfusion zu niedrige Drücke und Temperaturen. Die Wasserstoffkerne (auch Protonen genannt) können selbst im Inneren der Sonne ihre Abstoßungsbarrieren nicht überwinden und somit keine Heliumkerne bilden. Dass trotzdem einige Wasserstoffkerne ins Tal der anziehenden Kernkräfte gelangen, bewirkt auch hier ein Tunnelprozess. Die Wasserstoffkerne verschmelzen dabei zu Heliumkernen und geben die Sonnenenergie frei[1].

Das Faszinierende am Tunnelprozess ist, dass die tunnelnden Teilchen nicht nur beliebig große Potenzialbarrieren durchdrin-

---

[1] Bei der schrecklichsten Munition im Waffenarsenal der Menschen, der Wasserstoffbombe, werden gleich beide Prozesse, Kernzerfall und Kernfusion, eingesetzt. Zuerst wird der radioaktive Kernzerfall gezündet. Dabei werden die elektrisch positiv geladenen Atomkernbausteine, die Protonen, auf viele Millionen Grad erhitzt, so dass es zu einer weiteren gewaltigen Energieentfaltung durch eine Kernfusion dieser Protonen kommt. Solch eine Hybridbombe kann die Energie von 60 000 000 Tonnen chemischen TNT–Sprengstoffs (Trinitrotoluol) freisetzen.

gen, sondern zugleich auch ein außergewöhnliches Zeitverhalten zeigen. Beides gehört zur Quantennatur des Tunnelprozesses. Dabei scheinen die Teilchen mit unendlich hoher Geschwindigkeit durch die Tunnel–Räume zu reisen, also ohne Zeitverlust und damit unvergleichlich schneller als Licht. Licht breitet sich zwar sehr schnell, aber doch mit einer endlichen und messbaren Geschwindigkeit aus. Im Tunnel dagegen existiert keine Zeit. Im übertragenen Sinn könnte man sagen, es gibt im Tunnel kein Erleben, der Tunnelbereich bildet eine Ewigkeit. Entgegen der vorherrschenden Vorstellung ist Zeitlosigkeit und somit die Ewigkeit gleichbedeutend mit Erlebnislosigkeit.

Der Tunneleffekt ist ähnlich unanschaulich wie die berühmte Heisenbergsche Unschärferelation. Diese zeigt, dass von einem Teilchen nur sein Ort oder seine Geschwindigkeit genau bestimmt werden können, aber nicht beide Größen zugleich. Der Tunneleffekt und die Unschärferelation sind quantenmechanische Effekte, die uns zwingen, unsere Vorstellungen von Raum und Zeit zu revidieren. Seit der Einführung der Theorie der Quantenmechanik vor gut einhundert Jahren konnte ihr noch kein Widerspruch nachgewiesen werden. Gewiss wird auch diese Theorie die Welt nicht endgültig beschreiben. Aber noch wird immer häufiger ihre Gültigkeit in allen Bereichen der Physik bestätigt. So wird beispielsweise die Quantenmechanik in zahlreichen Anwendungen wie in der modernen Halbleitertechnik oder in der Optoelektronik vielfach genutzt. In der Technik wird mit uns vertrauten standardisierten Maßen für Zeit und Signallaufzeiten gearbeitet. Der Tunneleffekt provoziert deshalb mit seinem ungewohnten Zeitverhalten grundlegende theoretische, technisch–angewandte, aber auch philosophische und theologische Fragen an Raum und Zeit, siehe z.B. P. Mittelstaedt in Referenz [2].

1.2 Zeit, Raum und Geschwindigkeit

Der Philosoph Aurelius Augustinus schrieb im 5. Jahrhundert über die Zeit in seinem Werk *Confessiones*: *„Was ist also Zeit? Wenn mich niemand danach fragt, dann weiß ich's, will ich's dem Fragenden erklären, weiß ich's nicht. Dennoch behaupte ich zuversichtlich zu wissen, dass es eine vergangene Zeit nicht geben werde, wenn nichts verginge, eine zukünftige Zeit nicht sein könnte, wenn nichts auf uns zu käme und die gegenwärtige Zeit nicht erfahrbar wäre, wenn nichts existieren würde"*. [3]

Abb. 1.4: Darstellung des Philosophen und Kirchenvaters Aurelius Augustinus (354 – 430). © *Bettmann/CORBIS*

Diese Aussage ist wohl zutreffend, die Zeit ist objektiv schwer, wenn überhaupt zu beschreiben, sie beschreibt auf jeden Fall eine *Erfahrung, ein Erlebnis*. Für den klassischen Physiker ist die Zeit eine *messbare Erfahrung*. (Eine Stunde lang hatte ich heftige Zahnschmerzen, eine aufregende Woche verbrachte ich beim Tauchen an einem Korallenriff.) Vergangenheit, Gegenwart und Zukunft sind messbar in bestimmten Einheiten und sie sind für den klassischen Physiker allgemeingültig, unabhängig von Ort und Bewegung.

Abb. 1.5: Portrait des Galileo Galilei um 1600. © *Bettmann/CORBIS*

Um 1600 beobachtete Galileo Galilei (1564–1642) das Schwingungsverhalten eines Kronleuchters, der an der Decke der Kathedrale von Pisa befestigt war und im Luftzug hin und her schwang. Es interessierte ihn, ob die Schwingungszeit von der Stärke der Auslenkung des Leuchters (meist Amplitude genannt) abhängt. Eine Uhr hatte er nicht zur Verfügung; er benutzte seinen Herzrhythmus sowie den Taktrhythmus bestimmter Me-

Abb. 1.6: Galileo Galilei studiert die Pendelbewegungen eines Leuchters im Dom zu Pisa. Gemälde von Luigi Sabatellio, Florenz, Museo di Fisica e Storia Naturale. © *Archivo Iconografico, S.A./CORBIS*

lodien oder Musikstücke als Zeitmesser. Galilei entdeckte dabei, dass die Schwingungszeit nicht vom Gewicht eines Pendels abhängt, sondern nur von dessen Länge. Außerdem behauptete er, die Schwingungszeit wäre unabhängig von der Amplitude, was, wie wir heute wissen, nicht exakt stimmt.

Isaac Newton (1643-1727) nahm um 1700 (so wie viele andere nach ihm noch bis Ende des 19. Jahrhunderts) an, die Zeit sei eine absolute Größe. In der heutigen Physik weiß man jedoch, dass die Zeit keine feste Größe ist. Es gibt keine objektive Zeit, keine absolute Zeit. Der Zeitverlauf hängt vom Bewegungszustand

1.2 Zeit, Raum und Geschwindigkeit

Abb. 1.7: Portrait des Sir Isaac Newton aus dem Jahr 1726. © *CORBIS*

des Beobachters und vom Bewegungszustand des Beobachteten ab. Die Zeit wurde durch Einsteins Relativitätstheorie zu einer relativen Größe degradiert. In der Quantenmechanik ist die Zeit nicht einmal mehr eine Observable, d.h. eine messbare Größe.

Obwohl die Tunneldiode schon seit 1962 als elektronisches Bauelement Anwendung findet, war die Zeit, die ein Teilchen beim Tunneln im Berg verbringt, bis zum Ende des letzten Jahrhunderts weder theoretisch noch experimentell gesichert. In diesem elektronischen Bauteil tunneln Elektronen durch einen Berg, der im Halbleitermaterial des Bauteils das sogenannte Valenzband von dem Leitungsband trennt. Das Durchtunneln hat zur Folge, dass das Material beim Anlegen ab einer bestimmten Spannung abrupt stark elektrisch leitend wird. Wie beim Umlegen eines Schalters fließt plötzlich ein Strom. Die Tunnelzeit der Elektronen, also die Zeit, die benötigt wird, um den Berg in diesem zahlreich eingesetzten Bauteil zu durchfließen, konnte bis heute nicht bestimmt werden. Auf die Ursache des Problems der Zeitmessung bei den tunnelnden Elektronen wird später noch eingegangen.

Erste Tunnelzeitmessungen wurden mit Mikrowellensignalen (also Lichtteilchen bzw. Photonen, den Quanten der elektromagnetischen Wellen, zu denen das Licht genauso wie die Mikrowellen gehören) von Achim Enders und Günter Nimtz an der Universität zu Köln in den Jahren 1991/1992 durchgeführt [4]. Die Kölner Experimente wurden durch einen Aufsatz über Mikrowellentunnelexperimente in der physikalischen Fachzeitung *Applied Physics Letters* im Jahr 1991 provoziert [5]. Vier italienische Kollegen aus Florenz behaupteten darin, dass die von ihnen mit Mikrowellen gemessene Tunnelgeschwindigkeit deutlich kleiner als die Lichtgeschwindigkeit sei. Günter Nimtz, Koautor dieses Buches, erkannte beim Lesen des Artikels, dass die italienischen Messungen nicht korrekt sein können. Er diskutierte die Experimente mit Professor Achim Enders. Enders arbeitete damals in Köln bei Professor Nimtz als Habilitant und hatte eine äußerst empfindliche Mikrowellen–Apparatur allerdings für völlig andere Fragestellungen entwickelt. Enders war von der Wiederholung des Tunnel-Experiments mit Mikrowellen sofort begeistert und umgehend wurden die folgenden Wochenenden genutzt, um die obskure Tunnelgeschwindigkeit zu bestimmen. Beiden war zunächst nicht bewusst, um welche grundlegende Frage es sich beim Zeitverhalten des Tunnelprozess handelt. Es war einfach die Neugierde, das Tunnelzeitgeheimnis zu lüften, die beide antrieb.

1.2 Zeit, Raum und Geschwindigkeit

Im Gegensatz zu den italienischen Kollegen fanden Enders und Nimtz eine unendlich große Signalgeschwindigkeit im Tunnel. Die Ausbreitung des impulsförmigen Signals geschah demnach also zeitlos, d.h. instantan, im Tunnelraum. Das Signal war zur selben Zeit über das gesamte Tunnelgebiet verteilt. Es benötigte keine Zeit, um vom Anfang zum Ende der Tunnelbarriere zu gelangen. In der Physik wird diese Eigenschaft auch *Nichtlokalität* genannt (in der Theologie allgegenwärtig, omni present).Eine sehr kurze Zeitverzögerung entsteht allerdings am Eingang einer Barriere. Dieser Zeiteffekt wird in Abschnitt 5.1.2 ausführlich besprochen.

Das aus der Sicht des Alltagslebens verwunderliche Ergebnis verletzt nach Ansicht vieler angesehener Lehrbüchern die sogenannte *Einstein–Kausalität*. Sie besagt, dass sich nichts schneller als mit Lichtgeschwindigkeit bewegen kann. D.h., auch Energien und Signale können sich nicht schneller als mit Lichtgeschwindigkeit ausbreiten [6]. Den meisten Lehrbüchern der Relativitätstheorie nach würde eine überlichtschnelle Signalgeschwindigkeit eine Manipulation der Vergangenheit ermöglichen. Die Einstein–Kausalität gilt mathematisch aber nur für die Ausbreitung von zeitlich punktförmigen, d.h. zeitlich unendlich kurzen, Signalen im Vakuum und in den meisten Stoffen, die vom Licht durchdrungen werden können (siehe dazu z.B. R. U. Sexl und H. K. Urbantke [7]). Sie gilt jedoch nicht für physikalische Teilchen und Signale, die stets eine zeitliche Dauer besitzen und auch nicht für den Tunnelprozess, den erst die Quantenmechanik erklären konnte. Was aber selbst durch eine unendlich große Signalgeschwindigkeit nicht verletzt werden kann, ist das *Allgemeine Prinzip der Kausalität*: Die Wirkung folgt stets nach der Ursache. Die Vergangenheit kann demnach auch mit überlichtschneller (meist superluminal genannter) Signalgeschwindigkeit nicht mehr verändert werden. (Der Physiker unterscheidet überlichtschnelle und unterlichtschnelle Ausbreitung von Wellen durch die Adjektive *superluminal* bzw. *subluminal*.) Für Science Fiction bedeutet dieses Ergebnis: Es gibt keine Zeitmaschine, also keine Manipulation der Vergangenheit. In Abschnitt 5.4 wird das Prinzip der Kausalität ausführlich diskutiert.

Übrigens, die italienischen Forscher, die die Mikrowellenexperimente begonnen hatten, bestätigten später fair die korrekten Kölner Ergebnisse in der Fachzeitung *Physical Review* [8].

Zahlreiche Physiker *glauben*, dass eine superluminale Signalgeschwindigkeit nicht möglich (*nicht erlaubt*) wäre und äußern sich recht emotional zu diesem Thema. Heftige Dispute zu diesem Thema finden sich in zahlreichen Fach- und Laienmedien und natürlich im Internet. Diese Diskussion ist insofern beachtenswert, da bereits vor zwei Jahren Messdaten von superluminaler digitaler Signalausbreitung auf einer modernen Glasfiber-Übertragungsleitung im Labor der Firma *Corning* gezeigt wurden. Wir besprechen dieses superluminal Signal–Experiment näher im Abschnitt 5.3.2.

Zu den Verfechtern der Unmöglichkeit superluminaler Signalübertragung gehört z.B. Professor R. Chiao von der Berkeley Universität, ein Schüler des Nobelpreisträgers Townes, der an der MASER–LASER Entdeckung beteiligt war. In zahlreichen Arbeiten und Diskussionen weist Chiao darauf hin, dass es eine superluminale Signalübertragung nicht geben dürfe. Interessanterweise konnten allerdings seine Mitarbeiter in einem spannenden Experiment zeigen, dass Lichtquanten superluminal tunneln. Die Messungen in der benutzten Apparatur bestätigten, dass sich die gemessene Gruppengeschwindigkeit, die Energiegeschwindigkeit und damit auch die Signalgeschwindigkeit überlichtschnell ausbreiten [9].

Auf der Gardasee–Tagung im Jahr 1998 *„Mysteries, Puzzles, and Paradoxes in Quantum Mechanics"* stellte dazu Professor Bonifacio von der Mailänder Universität fest: *„Der Detektor macht beim getunnelten Photon, d.h. beim Eintreffen sei-*

1.2 Zeit, Raum und Geschwindigkeit

ner Energie, eher Klick als beim mit Lichtgeschwindigkeit gereisten Photon, also wurde das getunnelte Photon superluminal registriert."

Jüngst äußerten sich die Physiker Markus Büttiker und Sean Washburn in der Zeitschrift NATURE (20. März 2003) zu diesem Thema mit der Behauptung, dass die Signalgeschwindigkeit stets kleiner als die Lichtgeschwindigkeit im Vakuum sein müsse [10]. Schon diese Aussage ist nicht korrekt, denn im Vakuum sind alle Geschwindigkeiten des Lichtes gleich, unabhängig davon, ob es sich um die Ausbreitung von Energie, Signal, Gruppe oder Phase der Lichtwelle handelt. Schließlich *schwächen* die Autoren einzelne Photonen ab, um in dem theoretischen Modell eine subluminale Signalgeschwindigkeit zu retten. Es kann jedoch ein einzelnes Lichtquant bei dem elastischen Tunnelprozess nicht geschwächt werden. Diese Lichtquanten sind beim Tunneln unteilbar. Sie können nur reflektiert oder getunnelt werden. Die Autoren wollen entsprechend ihrem Text aber die Energie einzelner Photonen, d.h. der kleinsten Einheit der elektromagnetischen Wellen, verringern, und damit das Plancksche Wirkungsquantum verkleinern?

Die Lösung des Problems liegt in drei sehr oft übersehenen Eigenschaften des Tunnelprozesses und eines Signals, auf die in Kapitel 5 ausführlich eingegangen wird:

- Der Tunnelprozess gehört in den Bereich der Quantenmechanik und kann nicht durch die Spezielle Relativitätstheorie beschrieben werden.

- Physikalische Signale sind frequenzbandbegrenzt. Wären sie es nicht, benötigten Signale eine unendlich große Energie.

- Eine überlichtschnelle Signalgeschwindigkeit verletzt nicht das allgemein Prinzip der Kausalität, Ursache und Wirkung können nicht vertauscht werden.

Es gibt bereits seit 1962 eine theoretische quantenmechanische Arbeit von Thomas Hartman, die alle beobachteten superluminalen Phänomene des Tunnelns beschreibt und die sehr viele der danach angestellten theoretischen Anstrengungen falsch oder überflüssig macht. Dies wurde ausführlich von Steve Collins und Mitarbeitern in „*The quantummechanical tunnelling time problem – revisited*" [11] sowie von G. Nimtz und A. Haibel in „*Basics of superluminal signals*" [12] dargestellt.

In letzter Zeit wurden von mehreren Physikern zuerst in Frankreich, später in den USA, sogar negative Geschwindigkeiten gemessen. Hier erscheint das Maximum eines Impulses bereits am Ausgang des entsprechenden Mediums, ehe es den Eingang betreten hat. Die Impulsgeschwindigkeit lief in diesem speziellen Medium also in entgegengesetzter Richtung. Aber auch hier wird das Allgemeine Prinzip der Kausalität nicht verletzt, denn der Impuls erfährt dabei eine Verformung seiner Gestalt, so dass das Impulsmaximum nicht vor dem ursprünglichen Signalbeginn liegt. Die ursprüngliche Information ist außerdem nicht mehr erkennbar.

Historisch bemerkenswert ist in diesem Zusammenhang, dass schon von den Physikern Arnold Sommerfeld (1868-1951) und Léon Brillouin (1889-1969) um 1914 eine negative Gruppengeschwindigkeit für einen dem eben erwähnten untersuchten Medium ähnlichen Fall berechnet worden war. Brillouin schreibt jedoch in seinem bekannten Buch über *Wellenausbreitung und Gruppengeschwindigkeit*, dass eine negative Geschwindigkeit unphysikalisch sei [13]. Nun ermöglichte viele Jahrzehnte später die moderne raffinierte Messtechnik den Nachweis der angeblich unphysikalischen negativen Gruppengeschwindigkeit.

Auch das Gegenteil von superluminalen und negativen Geschwindigkeiten machte in den letzten Jahren Schlagzeilen: gebremstes oder gar angehaltenes Licht. Dieses Phänomen der Lichtbremsung verursacht natürlich mit Einsteins klassischer Relativitätstheorie keinen Konflikt, aber es handelt sich auch bei diesem Phänomen wieder um einen quantenmechanischen Prozess, der mit der klassischen Physik von Newton und Maxwell nicht zu beschreiben ist.

Dieses Buch zeigt und erklärt das seltsame Zeit- und damit Geschwindigkeitsverhalten des Tunnelprozesses. Die ersten Kapitel sind deshalb ausführlich diesen grundlegenden physikalischen Begriffen und Eigenschaften – der Zeit, der räumlichen Länge und der Geschwindigkeit – gewidmet. Das Verständnis für diese Größen hat sich im Laufe der letzten dreihundert Jahre wesentlich verändert. Die Zeit gilt nicht mehr als absolut und Signal- und Energiegeschwindigkeiten werden in ihrer Größe in der Regel durch die Lichtgeschwindigkeit des Vakuums begrenzt. Der Tunnelprozess liefert für diese physikalische Erkenntnis die berühmte Ausnahme von der allgemeinen klassischen Regel. Der Tunnelprozess ist ein Vorgang, der nicht durch die klassische Physik und auch nicht durch die Spezielle Relativitätstheorie sondern erst durch die Quantenmechanik beschrieben wurde.

Nach den einführenden Kapiteln werden die spektakulären Eigenschaften des Tunnelprozesses erläutert. Die letzten Abschnitte sind dem Problem der Verletzung der Einstein–Kausalität gewidmet, sowie anderen überlichtschnellen Phänomenen, die spekulativ aus der Allgemeinen Relativitätstheorie folgen.

2 Zeit- und Raummaße

Der räumliche Ablauf eines Ereignisses wird allgemein durch den Begriff *Geschwindigkeit* beschrieben. Diese Größe kann nicht direkt gemessen werden, sie wird vielmehr aus den Messwerten von *Zeit* und *Weglänge* abgeleitet. Allgemein formuliert sind damit die Basisgrößen zur Bestimmung einer Geschwindigkeit: die Werte für Zeit und Raum. Wir berichten im folgenden über die Entwicklung des Verständnisses von diesen Größen und die Festlegung ihrer Maßeinheiten.

Newton (1643-1727) schreibt in seinem Werk *„Philosophia naturalis principia mathematica"* [14] über seine Vorstellungen von Raum und Zeit: *„Die absolute, wahre und mathematische Zeit verfließt an sich und vermöge ihrer Natur gleichförmig und ohne Beziehung auf irgend einen äußeren Gegenstand. Sie wird auch mit dem Namen Dauer belegt. —— Die relative, scheinbare und gewöhnliche Zeit ist ein fühlbares und äußerliches, entweder genaues oder ungleiches Maß der Dauer, dessen man sich gewöhnlich statt der wahren Zeit bedient, wie Stunde, Tag, Monat, Jahr. —— Die natürlichen Tage, welche gewöhnlich als Zeitmaß für gleich gehalten werden, sind nämlich eigentlich ungleich. Diese Ungleichheit verbessern die Astronomen, indem sie die Bewegung der Himmelskörper nach der richtigen Zeit messen. Es ist möglich, dass keine gleichförmige Bewegung existiert, durch welche die Zeit genau gemessen werden kann, alle Bewegungen können beschleunigt oder verzögert werden; allein der Verlauf der absoluten Zeit kann nicht geändert werden. Dieselbe Dauer und dasselbe Verharren findet für die Existenz aller Dinge statt; mögen die Bewegungen geschwind, langsam oder Null sein"* (aus dem Buch von Max Born *„Die Relativitätstheorie Einsteins"* [1], siehe auch Peter Mittelstaedt „*Philosophische Probleme der modernen Physik*" [2]).

Zum Raum äußert Newton: „*Der absolute Raum bleibt vermöge seiner Natur und ohne Beziehung auf einen äußeren Gegenstand stets gleich und unbeweglich. —– Der relative Raum ist ein Maß oder ein beweglicher Teil des ersteren, welcher von unseren Sinnen durch seine Lage gegen andere Körper bezeichnet und gewöhnlich für den unbeweglichen Raum genommen wird. —– So bedienen wir uns, und nicht unpassend, in menschlichen Dingen statt der absoluten Orte und Bewegungen der relativen, in der Naturlehre hingegen muss man von den Sinnen abstrahieren. Es kann nämlich der Fall sein, dass kein wirklich ruhender Körper existiert, auf welchem man die Orte und Bewegungen beziehen kann.*" Nach Newton existieren diese beiden Größen ohne eine Beziehung zu einem wahrnehmbaren Gegenstand. Erst Ende des 19. Jahrhunderts gab es Zweifel an dieser idealen und sehr bequemen Zeit–Raum–Auffassung Newtons.

Während der französischen Revolution wurde die Zeit als grosser Feind betrachtet. Sie galt als der allmächtige Tyrann des Menschen. Wilhelm Busch beschreibt diese Tyrannei ironisch mit den Worten: „*Wird denn in dieser Welt nicht immer das Leben mit dem Tod bestraft?*". Leben ist Altern. Auch diese *Herrschaft* ZEIT wollten die Revolutionäre stürzen. Die französischen Revolutionäre richteten zwar viele Menschen hin, die ZEIT hinzurichten, gelang ihnen allerdings nicht. Bescheidenere Revolutionäre beginnen meist nur mit einer neuen Zeitzählung.

2.1 Zeitmaße: Herzschlag, Tag und Jahr

Zeit ist Erleben, also eine Veränderung eines Zustandes. Wir gehen von einem Ort zum anderen, wir führen innerhalb einer gewissen Zeit ein Gespräch. Besonders wichtig ist für unsere Zeitbeschreibung: wir erleben den regelmäßig wiederkehrenden Ablauf

2.1 Zeitmaße: Herzschlag, Tag und Jahr

eines Tages und eines Jahres. Zeitmaße werden von periodischen Vorgängen abgeleitet, wie beispielsweise vom Tag und vom Jahr. Wie schon erwähnt, benutzte Galileo Galilei seinen Pulsschlag, um die von ihm vermutete Abhängigkeit der Schwingungszeit des Kronleuchters im Dom zu Pisa von der Größe der Auslenkung seiner Schwingung zu messen. Wir vermuten übrigens, dass vom Herzpuls mit seinem nahezu Ein–Sekunden–Rhythmus die Zeiteinheit Sekunde abstammt. Daran wurde dann die Minute mit 60 Sekunden, die Stunde mit 60 Minuten und schließlich der Tag mit seinen 24 Stunden angepasst, wobei der Tag für den Menschen die wichtigste Rolle spielte. Interessanterweise findet man über den Ursprung der Sekunde in verschiedenen Lexika keine Auskunft.

Zum Messen der Zeit benutzt der Mensch also periodische Vorgänge, die er summiert. Beispiele periodischer Vorgänge sind die tägliche Erdumdrehung, der Umlauf des Mondes und der Wechsel der Jahreszeiten. Sehr oft wird die Zeit mit einem Pendel gemessen; so besitzt die klassische Standuhr ein Sekundenpendel oder die klassische Taschenuhr ein sich hin- und herdrehendes Pendel: die Unruhe. Die durch das jeweilige Pendel bestimmte Zeiteinheit wird dann zur Minute und zur Stunde und so fort addiert. Mechanische Uhren erreichten im 18. Jahrhundert eine Genauigkeit von ein paar Minuten am Tag. Erst mit Hilfe dieser relativ genauen Uhren konnten die Seefahrer den Längengrad auf ihrer Seereise zuverlässig bestimmen, wobei sie allerdings zur Heimathafenzeit ihrer Uhr noch den Sonnenstand am aktuellen Standort wissen mussten, was bei schwerem Wetter nicht einfach war[1].

---

[1]Im 18. Jahrhundert wurde die Basis der exakten Zeitmessung gelegt. Dies verhalf England zum Aufstieg als führende Seefahrernation. Bis dahin scheiterte eine zuverlässige Navigation an geeigneten Chronometern zur Bestimmung der geographischen Länge. Das für die expandierende Seefahrt akute Problem führte dazu, dass das englische Parlament für die Entwicklung eines ersten seetauglichen Zeitmessers mit der Genauigkeit von mindestens 30 Bogenminuten die da-

Heute erhalten all' diese Kapitäne zu Luft und zu See ihre Ortsdaten mittels GPS (Global Position System) präzise von Satelliten gefunkt. Aufgrund der Funkkontakte zur jeweils nächsten Sendestation funktioniert heute eine gute Ortsbestimmung sogar schon mit einem schlichten Handy. Die Antennen der Sender, mit denen die Handys verknüpft sind, stehen meist im Abstand von etwa 30 km und der Laufzeitunterschied zwischen den beiden nächstgelegenen Sende– und Empfangsantennen genügt, die fast metergenaue Ortslage des Handys zu bestimmen.

Bei modernen elektronischen Uhren werden die Schwingungen eines Quarzoszillators gezählt (32 768 Schwingungen je Sekunde). Die summierten Präzisionsschwingungszeiten entsprechen dann Sekunden, Minuten und Stunden, und zwar in Potenzen der Zahl 2. Die Schwingungsfrequenz des Quarzoszillators mit 32 768 Hz entspricht der Potenz 2^{15} Hz, und damit der kleinen Schwingungszeit von 0,000 03051758 Sekunden.

Bei den Atomuhren schließlich werden die extrem kurzen und präzisen Umlaufzeiten der Elektronen um den Kern eines Atoms gezählt. Diese modernen Atomuhren besitzen eine Genauigkeit von 1 Sekunde in 30 Millionen Jahren. So rasch und zugleich so zuverlässig pendelt ein Elektron im Cäsium–Atom. Uhren sind also nichts anderes als Messgeräte, die periodische Ereignisse über eine bestimmte Dauer zählen.

---

mals astronomische Summe von 20 000 Pfund aussetzte. John Harrison entwickelte daraufhin 1735 den ersten Meereschronometer *H1*. Da aber diese Uhr aufgrund ihres Gewichts (33 kg) und ihrer Größe (84 cm) nicht die geforderten Bedingungen erfüllte, entschloss sich die Kommission, Harrison lediglich mit 500 Pfund zu belohnen. Er konstruierte daraufhin über den Zeitraum von 24 Jahren drei weitere Modelle. Die letzte Entwicklung, der Meereschronometer *H4*, entsprach in seinen Abmessungen nur noch einer übergroßen Taschenuhr (13 cm) und bestand seinen Test auf See hervorragend. Nach einer Schiffsreise von 5 Monaten ging sie nur 5 Sekunden nach, was einem Fehler von nur 1,25 Bogenminuten entspricht. Trotz dieses Erfolges wollte die Kommission Harrison das Preisgeld nicht auszahlen. Es hieß, die Uhr sei so einzigartig, dass nicht jedes Schiff damit ausgestattet werden könne. Es dauerte weitere 5 Jahre bis Harrison schließlich doch der Preis in der ausgeschriebenen Höhe von 20 000 Pfund zugesprochen wurde.

2.2 Längenmaße: Fuß, Meter und Lichtjahr

Ein Längenmaß war in der menschlichen Gesellschaft zwingend erforderlich, beispielsweise um Entfernungen von Ort zu Ort anzugeben, oder um die Größe eines Landbesitzes zu sichern. In der Abbildung 2.1 wird der Stich *Der Fuß aus Frankfurt (1575)* wiedergegeben. Hier wurde ein offensichtlich recht unpräzises

Abb. 2.1: Der Fuß als Durchschnitt von 16 Füßen *angesehener* Frankfurter Bürger.

Längenmaß, der FUSS, durch Mittelung von *16 Füßen angesehener Frankfurter Bürger* festgelegt. Gut zweihundert Jahre später wurde 1795 von der französischen Nationalversammlung das Meter eingeführt. Das Meter wurde damals als der 40–millionste Teil des Erdumfangs festgelegt, und zwar längs des Meridians, der durch die Pariser Sternwarte führt. Seit 1983 wird von den

Physikern ein präziseres Maß zur Festlegung des Meters benutzt, nämlich die Strecke, die das Licht im Vakuum in dem Zeitintervall von

$$\frac{1 \text{ Meter}}{299\,792\,458 \text{ Meter/Sekunde}} = 0.000\,000\,003\,336 \text{ Sekunden}$$

zurücklegt.

Astronomen rechnen oft in Einheiten von Lichtjahren, die einem sehr weiten Weg entsprechen: Das Licht legt in einem Jahr 9 460 500 000 000 000 m zurück. Die Ausdehnung unseres Weltalls wird auf etwa 15 Milliarden Lichtjahre geschätzt, eine unbegreifliche Ausdehnung. In diesem Raum wurde in den letzten Jahren die Existenz von 125 Milliarden Milchstraßen (Galaxien) entdeckt. Die Abbildung 2.2 zeigt einen kleinen Ausschnitt aus dem Weltall, in dem bei systematischer Bildanalyse 500 Milchstraßensysteme an ihrer Scheibenform erkennbar sind. In Abbildung 2.3 wird die Aufnahme der prächtigen, scheibenartigen und spiralförmigen *whirlpool galaxy* gezeigt.

Eine Galaxie ist scheibenförmig und hat eine typische Ausdehnung von 120 000 Lichtjahren (das entspricht 1 135 000 000 000 000 000 km). Die Verteilung der Sterne in einer Galaxie kann spiralförmig sein, sie kann auch elliptisch sein. Eine einzige Galaxie beherbergt rund 300 Milliarden Sterne. Erst seit Galileo Galilei ist die Existenz der Milchstraße als einer spiralartigen scheibenförmigen Anordnung von vielen Sternen bekannt, ein Stern davon ist unsere Sonne. Wie schon erwähnt, wissen wir heute, dass es viele Milliarden von Milchstraßensystemen im Weltall gibt, und Astronomen suchen in unserer und in den anderen Galaxien nach weiteren erdähnlichen Planeten mit unbekannten Lebensformen. Die Existenz von anderen belebten Welten ist bei so ungeheuerlich vielen Galaxien sehr wahrscheinlich. Allerdings wäre die Kommunikation mit den *Außerirdischen* ein Problem, da, wenn es sie denn gibt, die Entfernung zwischen unserer und ihren Galaxien viele Millionen Lichtjahre beträgt.

2.2 Längenmaße: Fuß, Meter und Lichtjahr

Abb. 2.2: Aufnahme eines Weltallausschnittes mit über 500 Galaxien. Entstanden aus der Überlagerung von 342 Einzelaufnahmen des Hubble Deep Field. Das helle Objekt mit dem Strahlenkranz ist ein Stern der Milchstraße. Links darüber ist eine Spiralgalaxie 2000-fach weiter entfernt als die Andromedagalaxie. Der kleine Punkt über dem Stern ist eine der weitest entfernten bekannten Galaxien. *NASA/STScI*

Die größte uns bekannte Länge ist der Durchmesser des Weltalls. Für die kleinste nachweisbare Ausdehnung, die sogenannte Plancksche Länge, folgt theoretisch ein Wert der um eine Zahl mit 61 Nullstellen (Größenordnungen) kleiner ist. Diese Plancksche Länge beträgt $1,6 \cdot 10^{-35}$ m. Sie folgt aus den Gesetzen der Allgemeinen Relativitätstheorie. Masseteilchen mit einem klei-

Abb. 2.3: Aufnahme der Whirlpool Galaxy M51. NASA and The Hubble Heritage Team. *STScI/AURA*

neren Durchmesser können nicht mehr mit elektromagnetischen Wellen (Licht) wechselwirken. Sie sind von der Außenwelt abgeschlossen wie ein *Schwarzes Loch* in der Kosmologie. In der Mitte zwischen dem Kleinsten und dem Größten in unserem Weltall steht auf der logarithmischen Skala interessanterweise die biologische Zelle, also der Baustein des Lebens. Sie befindet sich im Größenordnungsbereich von Mikrometern.

Abb. 2.4: Claudius Ptolemäus, griechischer Naturforscher, Gemälde um 1476 von Justus van Gent (tätig 1460/80), Paris, Musée du Louvre. © *akg-images/ E.Lessing*

Sehr lange hatte der Mensch an das von Claudius Ptolemäus im 2. Jahrhundert n. Chr. entworfene geozentrische Weltbild geglaubt, welches besagt, die Erde sei das Zentrum des gesamten Weltalls. Für die Römisch–Katholische Kirche war dies ein Dogma.

Zu Beginn des 16. Jahrhunderts entwarf der polnische Astronom Nikolaus Kopernikus (1473–1543) ein heliozentrisches Weltbild, also ein System, in dem die Sonne und nicht die Erde im Mittelpunkt unserer Planeten steht. Sein geniales Werk

Abb. 2.5: Portrait von Nicolaus Copernicus um 1520. © *Bettmann/CORBIS*

wurde im Jahr 1543, als Kopernikus auf dem Totenbett lag, unter dem Titel *„De revolutionibus orbium coelestium libri"* (*„Die Bücher von den Umläufen der Himmelsweiten"*) mit einer Widmung an Papst Paul III. veröffentlicht. Es wurde von Andreas Osianders mit einer Vorrede versehen, die Kopernikus' Aussagen als hypothetisches Denkmodell darstellte und damit abschwächen und ihnen die *Anstößigkeit* nehmen sollte. Trotzdem wurde es 1616 auf den Index librum prohibitorum gesetzt. Erst über einhundert Jahre später setzten sich seine Ideen endgültig durch. Um 1630 bestätigte Galileo Galilei das Kopernikanische System. Auch er kam zu der Erkenntnis, dass sich die Sonne im Mittelpunkt des Planetensystems befindet, und dass die Erde sie umkreist. Dabei dreht sich die Erde um ihre Achse, was den

Wechsel von Tag und Nacht und auch die Jahreszeiten hervorruft.

Galileo Galileis Eintreten für diese revolutionäre, damals gar lebensgefährliche Behauptung brachte ihn im Jahr 1633 in Konflikt mit der Inquisition. Er wurde nach Rom zitiert, verhört und verhaftet. Nach der Androhung von Folter widerrief Galilei seine Lehre vom Kopernikanischen Weltbild und schwor ihr ab. Der über ihn verhängte Befehl zu lebenslanger Haft wurde zu Hausarrest abgemildert und bis zu seinem Tod – trotz des vielfachen Ersuchens um Aufhebung – aufrecht erhalten.

Erst 346 Jahre später, im Jahr 1979, wurde von Papst Johannes Paul II. eine Untersuchung der Verurteilung eröffnet, die dazu führte, dass eine päpstliche Kommission den Irrtum des Vatikans eingestand. Im Oktober 1992 wurde das Fehlurteil über Galileo Galilei offiziell vom Vatikan zurückgenommen.

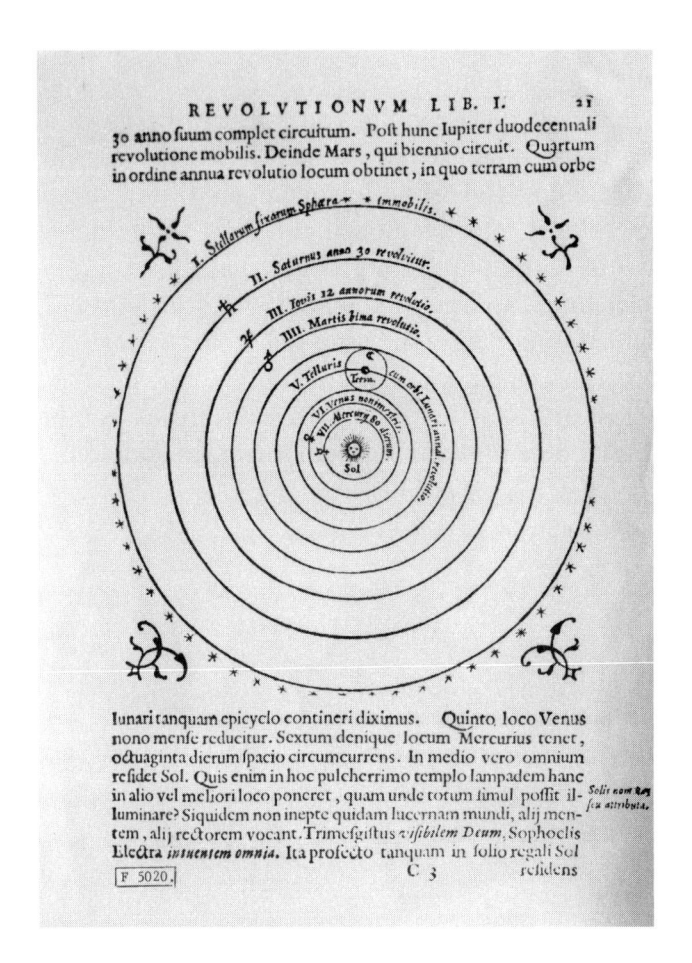

Abb. 2.6: Diagramm des Kopernikanischen Weltbildes aus seinem Werk „*De Revolutionibus Orbium Caelestium*" aus dem Jahr 1543. © *Bettmann/CORBIS*

3 Biologisches Zeitmaß

3.1 Wahrnehmung, Gedanken, Gehirntätigkeit, Gedächtnis

Uns stehen heute Messgeräte zur Verfügung, von Menschen entworfen und gefertigt, um bis in den Zeitbereich von 10^{-15} s vorzustoßen. In diesem extrem kleinen Zeitbereich laufen Elementarteilchenprozesse sowie Prozesse der Molekülphysik ab. Aber wie rasch kann der Mensch unmittelbar, also ohne technische Hilfsmittel denken oder wahrnehmen oder empfinden? Wie schnell reagiert er auf einen Reiz? Physikalisch ausgedrückt, in welcher kleinsten Zeitspanne kann der Mensch Änderungen beliebiger Art registrieren, empfinden? Wie rasch kann er hell–dunkel, warm–kalt, laut–leise, angenehm–unangenehm und schließlich Gespräche oder Melodien zeitlich auflösen? Physiologen haben diese Fragen in der Vergangenheit eindeutig aufgeklärt. Die Antwort ist ernüchternd: Der Mensch reagiert und denkt recht träge, er verhält sich *materiell*. Man könnte näherungsweise sagen, der Mensch reagiert ähnlich dem Schall, der von Materie getragen wird, und nicht wie das Licht, das sich im materielosen Vakuum millionenfach, also 1 000 000–mal schneller bewegt. So benötigt Licht nur 0,13 Sekunden, um die 40 000 km Erdumfang zu umrunden, der Schall dagegen 1,4 Tage. Physiker und Ingenieure nennen die zum Licht vergleichsweise träge Reaktion der biologischen Systeme auch die dielektrische Relaxationszeit der Biologie. Diese Größe gibt an, wie rasch eine Störung der elektrischen

Ladung und damit die elektrische Spannung auf einer Membran wieder abklingt, also relaxiert. Elektrische Spannungssignale laufen über die Zellmembranen im Körper und lösen dann z.B. Reize an Muskeln oder Empfindungen im Hirn aus. So werden Licht in den Augen und Schall in den Ohren empfangen und für unser Hirn in deutbare elektrische Signale umgewandelt. Diese laufen auf Nervenbahnen ins Hirn, wo sie schließlich interpretiert werden.

Physiologen wissen schon seit dem 19. Jahrhundert: Die optimale Reaktion biologischer Systeme, wie z.B. die der Nervenzellen auf Reize jedweder Art, liegt bei einer zehntel bis einer hundertstel Sekunde. Unser Denken, Empfinden und Reagieren setzt also nicht rascher als mit einigen Millisekunden (ca. 0,06 Sekunden) ein. Auf kürzere Reize, ob optische, akustische, thermische, mechanische oder elektrische, reagiert der Körper nicht, da sie nicht mehr erfasst werden, die Zeitauflösung unserer Sensoren wird unterlaufen. Äußerst interessant ist auch, dass der Mensch nur im wachen Zustand eine Zeitwahrnehmung besitzt. Im Tiefschlaf und erst recht in der Narkose ist jedes Zeiterleben aufgehoben. In diesen Zustandsphasen fehlen im Gehirn die periodischen elektrischen Potenzialschwankungen, die sogenannten Alpha– und Theta–Oszillationen im Schwingungsbereich um 10 Hz bzw. bei 5 Hz – 7 Hz, welche im Elektroenzephalogramm (EEG) sichtbar gemacht werden können. Das Elektroenzephalogramm zeigt die elektrische Aktivität des Gehirns an und stellt ein direktes Maß für die Gehirntätigkeit dar. Etwas höherfrequente Hirnschwingungen sind die Gamma–Oszillationen. Ihre Frequenz liegt bei 40 Hz. Vor kurzem konnten diese elektrischen Schwingungen und deren Schwingungszeiten unserer Gedächtnisleistung zugeordnet werden. Nach den Forschungsergebnissen aktiviert eine Wahrnehmung verschiedene Teile des Gehirns. Zuerst feuern die Neuronen (Nervenzellen) im Riechhirn Gamma–Oszillationen ab. Wenn daran anschließend die Neuronen im Hippokampus, einem anderen Teil des Gehirns, die gleichen Gamma–Oszillationen aussenden, kommt es zur Gedächtnisleistung. Senden dagegen die Neuronen des Hippokampus die Gamma–Oszillationen nicht im Gleichtakt mit den Oszillationen aus dem Riechhirn, gelangt die Wahrnehmung nicht ins Gedächtnis, welches sich in der Großhirnrinde befindet. Unter diesen Bedingungen gerät die Wahrnehmung unmittelbar in Vergessenheit.

Die höchste Empfindlichkeit (Schwelle der Wahrnehmung und der Reaktion auf einen Reiz) eines biologischen Systems liegt im Frequenzbereich um 100 Hz. Aus physikalisch–technischen Gründen und ohne Kenntnis dieses biologisch relevanten Frequenzbereichs wurde die Elektrizitätsversorgung unserer Haushalte mit 50 Hz oder 60 Hz in diesem biologisch wichtigen Bereich angesiedelt.

Dieser niedrige Frequenzbereich spiegelt auch die Dynamik unserer Gehirntätigkeit und die Signalübertragung im Körper, so z.B. die Reaktion eines Menschen auf einen inneren oder äußeren Reiz wider. Es liegen jedoch keine Hinweise für eine Schädigung des Menschen durch den Haushaltstrom vor, der seit mehr als 100 Jahren intensiv genutzt wird. Im Gegenteil, der Mensch hat seit der Einführung der Haushaltselektrizität seine durchschnittliche Lebenszeit etwa verdoppelt. Das zeugt von einer elektrisch äußerst stabilen Biologie mit ihren entwickelten Schutzvorrichtungen. Sie würde sonst auch unter den beachtlich großen natürlichen elektrischen und magnetischen Feldern in unserer Umwelt Schaden nehmen [15].

3.2 Die biologische Zeiteinheit

Aus den eben aufgezählten physiologischen und physikalischen Beobachtungen am Menschen und an anderen biologischen Systemen kann eine biologisch physikalische Einheit für alles, was der Mensch empfindet, sieht, spürt, hört, was er erfasst und denkt, abgeschätzt werden: 0,06 Sekunden. Damit bekommt der Mensch im Durchschnitt einen Vorrat von etwa 40 Milliarden möglicher Empfindungen oder Wahrnehmungen auf seinen Lebensweg mit. Diese Quantisierung der Zeit des Lebensablaufes ist interessant, denn zunächst würde man erwarten, dass Empfindungen kontinuierlich dahinfließen. In Wirklichkeit gehen Änderungen von Freude zu Trauer oder von Hell zu Dunkel in uns sprunghaft vor, nämlich in zeitlichen Intervallen von etwa 0,06 Sekunden. Wäre diese Wahrnehmungszeiteinheit 1000–mal länger, würde der Mensch das Gras wachsen sehen, wäre sie dagegen nur ein tausendstel mal so lang, könnte er den Flug einer Gewehrkugel beobachten.

4 Geschwindigkeiten

Die Geschwindigkeit ist definiert als das Verhältnis von einem zurückgelegten Weg zu der dafür benötigten Zeit. Eine Geschwindigkeit kann nicht direkt gemessen werden, zu ihrer Berechnung benötigen wir die Messdaten von Weg und Zeit. Fahren wir z.B. im Auto mit 60 km/h, legen wir 60 km Weg in einer Stunde zurück. Bei einer Geschwindigkeit von 60 km/h bewegt man sich bereits um 17 Meter in einer Sekunde vorwärts. Bei dieser Geschwindigkeit entspricht die Reaktionszeit eines Menschen schon einer Strecke von mehr als zwei Metern.

Das bisher über die Geschwindigkeit Gesagte gilt so einfach nur für gleichförmige Bewegungen. In der Regel findet jedoch eine Bewegung mit wechselndem Tempo statt: je nachdem ob es der Verkehr oder die Straße zulässt, ändert sich die Geschwindigkeit. Für eine vollständige Bewegungsbeschreibung eines betrachteten Gegenstandes müssen demnach alle Teilgeschwindigkeiten berücksichtigt werden.

Moderne Linienflugzeuge fliegen mit einer Geschwindigkeit von etwa 800 km/h, die überschallschnelle Concorde erreichte eine maximale Reisegeschwindigkeit von 2 200 km/h. Flott zu Fuß schaffen wir etwa 4 km/h.

Wie rasch breitet sich der Schall und das Licht aus, wie rasch werden Informationen, d.h. Signale und damit Wirkungen übermittelt? Zwischen den beiden scheinbar unterschiedlichen Begriffen *Wirkung* und *Signal* besteht, obwohl sie mathematisch oft unterschiedlich beschrieben werden, letztlich kein physikalischer

Unterschied. Dies kann durch Einbeziehung der Quantenmechanik gezeigt werden (siehe Kapitel 5). In Abschnitt 4.1 werden die Definitionen der unterschiedlichen Geschwindigkeiten angegeben.

Unsere Sprache wird durch Schallwellen zum Gesprächspartner übertragen. Sie breitet sich mit Schallgeschwindigkeit in der Luft aus. Beim Telefonieren wird unsere Sprache in elektromagnetische Wellen umgewandelt, über ein elektrisches Übertragungssystem zum Empfänger gesandt und beim Empfänger wieder in Schall zurückverwandelt. Die Vorteile dieser Umwandlung von Schall in elektromagnetische Wellen sind, dass sich der elektrische Signalträger einfach und verlustarm über weite Entfernungen durch Leitungen oder über Richtfunk übertragen lässt, und dass er sich sehr viel schneller ausbreitet als Schallwellen. Eine elektrische Welle benötigt, wie schon erwähnt, eine Zeit von 0,13 Sekunden zum Umrunden der Erde, der Schall braucht dazu 1,4 Tage.

Die Schallausbreitung ist an Materie gebunden: Sie tritt ausschließlich in Gasen, Flüssigkeiten und Festkörpern auf. Analog zu den Kugelstößen beim Billard, breitet sich Schall dadurch aus, dass ein Teilchen ein anderes benachbartes Teilchen anstößt und so seine Bewegungsenergie weiterreicht. In der Luft sind es die Moleküle, die die Stöße weiterreichen. Am Beispiel Billard wird die Schallausbreitung über die kugelförmigen Moleküle in der Luft anschaulich. Beim zentralen Stoß beim Billard bleibt die erste rollende Kugel liegen und die angestoßene läuft weiter. Es wird also, wie in der Abbildung 4.1 des Kugelgalgens dargestellt ist, nur der Impuls und die Bewegungsenergie an den Nachbarn weitergegeben, die Materie der einzelnen Kugeln bewegt sich nur ein sehr kleines Stück weit aus der Ruhelage weg und wieder zurück. So findet auch bei der Schallausbreitung in der Luft kein Transport der Moleküle statt, sondern sie reichen nur den Stoß zum benachbarten Molekül weiter.

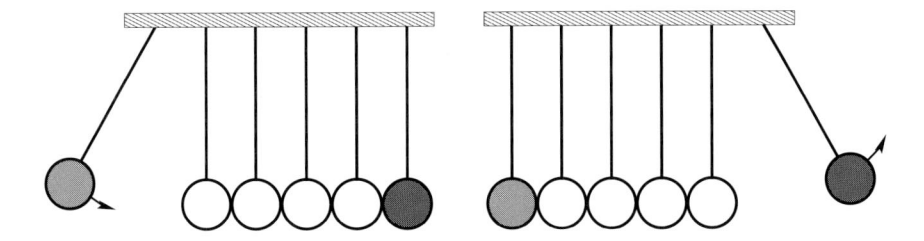

Abb. 4.1: Ein Kugelgalgen. Links fällt die erste Kugel auf die ruhenden Kugeln. Nach dem Aufschlag (rechts) bleiben alle Kugeln in Ruhe, nur die letzte setzt die Bewegung der ersten fort. Die dazwischenliegenden Kugeln haben den Impuls weitergereicht, ohne sich sichtbar von der Stelle zu bewegen. Dies ist ein Analogiebeispiel für die Schallausbreitung zwischen eng benachbarten Teilchen, wie es in Flüssigkeiten und festen Körpern der Fall ist. Die Teilchen reichen den Stoß weiter, ohne sich selbst merklich vom Ort zu entfernen.

Das ist bei den elektromagnetischen Wellen, zu denen die Radiowellen, das Licht, die Röntgenstrahlen und die hochenergetischen γ-Strahlen gehören, grundsätzlich anders. Elektromagnetische Wellen benötigen kein Medium als Träger. Der Geschwindigkeitsunterschied zwischen der Schallausbreitung und der Lichtgeschwindigkeit ist, wie schon erwähnt, beachtlich: Licht ist eine Million mal schneller als der Schall.

Schallgeschwindigkeit: .... ca. 330 Meter/Sekunde (in der Luft)

Lichtgeschwindigkeit: ... ca. 300 000 000 Meter/Sekunde (im Vakuum)

Dieser Geschwindigkeitsunterschied führt dazu, dass wir einen Blitz unmittelbar nach seinem Einschlag sehen, den Donner aber meist erst Sekunden später hören. Je kürzer die Zeitspanne zwischen Blitz und Donner ist, desto näher befindet sich der Einschlagsort. Findet der Einschlag z.B. 300 Meter von uns entfernt statt, werden wir das Donnern eine Sekunde nachdem wir den Blitz gesehen haben, hören. Schlägt der Blitz dagegen 1 km entfernt ein, vergeht zwischen dem Wahrnehmen des Blitzes und dem Hören des Donners eine Zeitspanne von mehr als 3 Sekunden.

Nach einer Überlieferung des großen griechischen Dichters Aischylos aus der Antike soll Klytaimnestra noch in derselben Nacht vom Sieg ihres Mannes Agamemnon über die Stadt Troja informiert worden sein. Es wird behauptet, die Griechen hätten eine Feuerkette zur *lichtschnellen* Signalübertragung aufgebaut und benutzt. (Damit hätte Klytaimnestra also reichlich Zeit gehabt, den Mord an ihrem Mann bis zu seiner Rückkehr zu See in Mykene vorzubereiten. Übrigens wird die angebliche Badewanne, in der der Mord geschehen sein soll, dem kunstbeflissenen Touristen beim Besuch Mykenes gern gezeigt.)

4.1 Definition der Geschwindigkeiten

Physiker und Techniker unterscheiden zwischen verschiedenen Geschwindigkeiten. Anhand von Abbildung 4.2 werden im folgenden die vier wichtigsten Geschwindigkeitsdefinitionen und ihre Bedeutung erläutert.

In Abbildung 4.2 ist ein impulsförmiges Signal dargestellt, das sich nach rechts ausbreitet. Dieses impulsförmige Wellenpaket setzt sich aus einer zuerst anschwellenden und dann wieder abklingenden Schwingung zusammen. Die sogenannte Phase, hier durch die Punkte P_1 und P_2 an der Schwingung markiert, bewegt sich mit der *Phasengeschwindigkeit* $v_{\text{ph}} = \lambda f$, wobei λ die Wellenlänge und f die Frequenz der Schwingung sind. Die Phasengeschwindigkeit beschreibt also das Auf und Ab der Schwingung, aus der das Paket geformt ist.

Die sogenannte *Gruppengeschwindigkeit* v_{gr} beschreibt dagegen die Ausbreitungsgeschwindigkeit des gesamten Impulses, so

4.1 Definition der Geschwindigkeiten

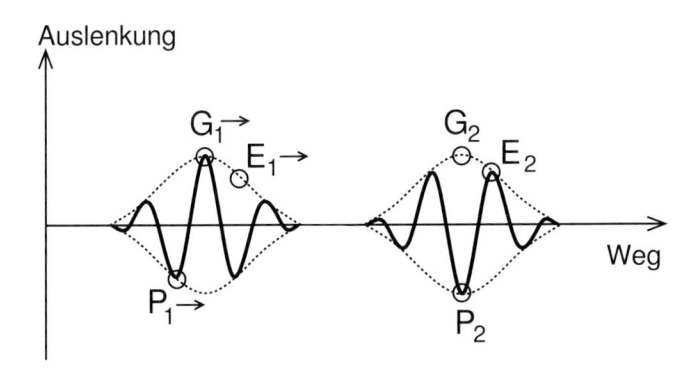

Abb. 4.2: Ausbreitung eines Wellenpaketes. Die Strecken $P_1–P_2$, $G_1–G_2$ und $E_1–E_2$ entsprechen den in derselben Zeit zurückgelegten Wegen der Phase, der Gruppe und des Signals. Letzterer entspricht auch der Energie.

z.B. des Maximums. Die Gruppenschwindigkeit ist dabei in der Regel mit der Signalgeschwindigkeit v_s identisch. Während in der Skizze 4.2 die Phase den Weg von P_1 nach P_2 zurückgelegt hat, ist die Gruppe „*nur*" von G_1 nach G_2 gewandert. Sie hat sich damit offenbar etwas langsamer als die Phase ausgebreitet.

Die *Signalgeschwindigkeit* v_s ist allgemein definiert als die Einhüllende eines beliebig geformten Wellenpaketes. Die Punkte E_1 und E_2 sind bestimmte Stellen der Einhüllenden des Signals, die z.B. den Tonwechsel einer Melodie oder deren Lautstärke beschreiben, d.h. also eine Information übertragen.

Nicht nur Gruppen- und Signalgeschwindigkeiten sind im allgemeinen identisch, die Signalgeschwindigkeit ist auch gleich der *Energiegeschwindigkeit* v_{en}, denn jeder Detektor, auch Augen und Ohren, reagieren nur auf die Energie des Signals.

Oft wird die *Frontgeschwindigkeit*, der fiktive Beginn eines Wellenpaketes, erwähnt. Diese Größe hat jedoch keine physikalische Bedeutung, denn eine Front überträgt weder Information noch Energie.

Im Vakuum sind Phasen-, Gruppen-, Signal- und Energiegeschwindigkeiten gleich groß und entsprechen der Lichtgeschwindigkeit $c = 2,99792458 \cdot 10^8$ m/s im Vakuum. In Materialien, wie beispielsweise in Glas, sind die vier besprochenen Geschwindigkeiten kleiner als die Lichtgeschwindigkeit. So beträgt die Phasengeschwindigkeit in einem Glas mit der Brechzahl n =1,4 nur 71% der Lichtgeschwindigkeit, die Gruppen-, die Signal- und die Energiegeschwindigkeit sind nochmals um 1% langsamer als die Phasengeschwindigkeit. Einen Extremfall stellt ein Tunnel dar: hier kann die Phasengeschwindigkeit im Tunnelbereich Null werden während die übrigen drei Geschwindigkeiten den Wert Unendlich annehmen können.

4.2 Bestimmung einer Geschwindigkeit

Üblicherweise wird die Zeit gemessen, die ein bewegtes Objekt für eine bestimmte Strecke benötigt. Aus dem Verhältnis von Weg und Zeit ergibt sich der Wert für die Geschwindigkeit. Bei nicht konstanten (sondern bei sich verändernden) Geschwindigkeiten, wie sie beispielsweise beim Autofahren ständig auftreten, müssen die Messintervalle immer kleiner und kleiner gewählt werden, denn die Geschwindigkeit kann sich rasch mit dem Weg ändern.

Die Schallgeschwindigkeit ist wegen ihrer vergleichsweise geringen Größe mit etwa 330 m/s noch leicht zu messen. Die Größe der millionenfach schnelleren Lichtgeschwindigkeit war dagegen immer umstritten. *„Wie schnell breitet sich Licht aus?"*, *„Ist seine Ausbreitung gar unendlich schnell?"*, wurde viele Jahrhunderte lang diskutiert.

Galilei, der eine endliche Ausbreitungsgeschwindigkeit des Lichtes vermutete, glaubte sie mit einem einfachen Experiment abschätzen zu können. Er schickte seinen Assistenten mit einer abgeblendeten Laterne auf eine Anhöhe und stellte sich selbst mit einer ebensolchen Laterne auf einen benachbarten Hügel. Der Assistent sollte die Blende seiner Laterne kurz öffnen und gleichzeitig eine Wasseruhr in Gang setzen. Sobald das Licht auf dem benachbarten Hügel bei Galilei angekommen war, wollte dieser seine Blende öffnen. Der Assistent sollte die Wasseruhr stoppen, sobald ihn das Licht der Galileischen Laterne erreicht hätte. Aus der abgelaufenen Zeit sollte anschließend die Laufzeit des Lichtes für den Hin- und Rückweg bestimmt werden.

Abb. 4.3: Vorschlag zur Messung der Lichtgeschwindigkeit von Galileo. Das Licht wurde zwischen zwei Hügeln hin und hergesandt. Dabei sollte die Laufzeit gemessen und daraus die Lichtgeschwindigkeit bestimmt werden.

Abgesehen von der Ungenauigkeit der Wasseruhr lag, wie man heute natürlich weiß, bei diesem Experiment die Reaktionszeit der Experimentatoren deutlich über der Zeit der Lichtausbreitung. Am Ergebnis dieses Experimentes wurde deutlich, dass zur Bestimmung der Lichtgeschwindigkeit wesentlich empfindlichere Uhren oder wesentlich längere Ausbreitungsstrecken notwendig sind.

Die erste erfolgreiche Bestimmung der Lichtgeschwindigkeit gelang auf geniale Art dem jungen dänischen Astronomen Ole Rømer (1644-1710) im Jahr 1676: Galileo Galilei hatte 1610 die vier Jupitermonde Io, Europa, Ganymed und Callisto entdeckt – benannt nach den vier Geliebten des Göttervaters Zeus, der bei den Römern Jupiter heißt. Er widmete sie den ihn fördernden adligen Medici als Sterne. (Heute sind 57 weitere Jupitermonde bekannt.) In der Abbildung 4.4 ist der Planet Jupiter mit den vier zuvor genannten Monden dargestellt.

Abb. 4.4: Jupiter und seine vier Monde Io, Europa, Ganymed und Callisto (von oben nach unten betrachtet). Inzwischen sind 57 weitere Jupitermonde entdeckt worden. *NIMS, DLR (German Aerospace Center)*

Zur Orientierung auf hoher See wurde im 17. Jahrhundert die Verfinsterung der Jupitermonde in Zeittafeln niedergeschrieben

4.2 Bestimmung einer Geschwindigkeit

und die Bahnbewegung dieser Monde gründlich studiert. In der Absicht, die Zeittafeln zu verbessern, beobachtete Ole Rømer um 1675 die Monde des Jupiters nochmals. Für seine Berechnungen benutzte Ole Rømer Io, den innersten der vier Monde, als Uhr.

Er stellte dabei fest, dass, wenn Erde und Jupiter sich am nächsten waren, die Zeittafeln mit seinen Messungen übereinstimmten, mit zunehmendem Abstand zwischen Erde und Jupiter sein Mond Io aber *nachzugehen* begann. Nach einem halben Jahr lief Io über 1000 Sekunden *zu spät* durch den dunklen Schatten des Jupiters. Nach einem weiteren halben Jahr ging die Jupiteruhr wieder genau. Innerhalb eines Jahres verschob sich also der Zeitpunkt der Mondverfinsterung der Io um bis zu 22 Minuten = 1320 Sekunden.

Es war bekannt, dass der Jupiter sich im Vergleich zur Erde sehr langsam um die Sonne bewegt (ein Jupiterjahr beträgt etwa 10 Erdjahre), und die Erde sich im Laufe eines Jahres damit einmal in Jupiternähe und einmal in Jupiterferne befindet. Der Abstand zwischen der größten und der kleinsten Erdentfernung zum Jupiter war seit Johannes Kepler (1571-1630) mit 300 Millionen Kilometern bekannt.

Wenn sich also ein Erdbeobachter im Laufe eines Jahres vom Jupiter entfernt und wieder nähert, dann muss bei endlicher Lichtgeschwindigkeit die Verfinsterung der Jupitermonde erst später und dann wieder früher beobachtet werden, weil das Licht einmal etwas eher und einmal etwas später auf der Erde ankommt. So fand Rømer tatsächlich heraus, dass sich das Licht mit einer Geschwindigkeit von 300 Millionen km/1320 Sekunden = 227 000 Kilometern pro Sekunde ausbreitet, was für den Stand der Technik der damaligen Zeit schon ziemlich gut an den heute gültigen Wert von annähernd 300 000 km/s herankam. Der Messvorgang ist in der Abbildung 4.5 skizziert.

Dies war ein aufregendes Ergebnis: eine unvorstellbar große, aber dennoch endliche, messbare Lichtgeschwindigkeit. Mit diesem Messergebnis machte sich Rømer etliche Feinde, denn die damals vorherrschende Meinung besagte, dass Licht sich unendlich schnell ausbreitet.

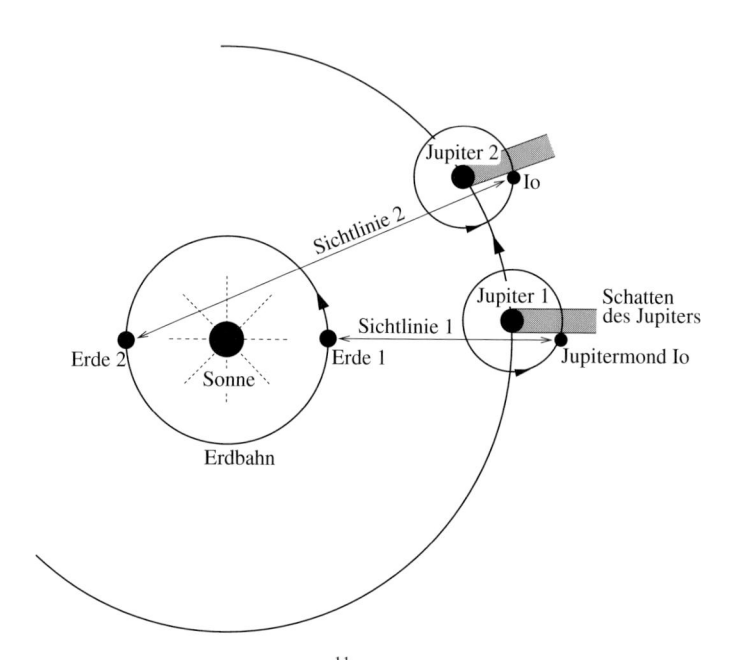

Durchmesser der Erdbahn = $3 \cdot 10^{11}$ m = 300 000 000 000 m
entspricht dem Messwert von 22 Minuten bei einer Geschwindigkeit von
v_{Licht} = 230 000 000 m/s   (c = 300 000 000 m/s)

Abb. 4.5: Skizze zur Lichtgeschwindigkeitsmessung mit Hilfe von Sonne, Erde und Jupiter mit seinem Mond Io durch Ole Rømer im Jahr 1676. Sein Messergebnis betrug 230 000 km/s, heute wissen wir, dass die Lichtgeschwindigkeit c = 300 000 km/s beträgt.

4.3 Wechselwirkungsprozesse

Die Erde zieht uns an, sie übt eine Kraft auf uns aus. Der Physiker beschreibt Kräfte durch *Kraftlinien*, heute abstrakter und allgemeiner durch *Feldlinien*. Die Kräfte werden durch physikalische Felder verursacht. Kräfte können beispielsweise folgende Wirkungen haben: Ein Wagen wird durch die Kraft des Motors beschleunigt, der Mensch übt aufgrund der Erdanziehung eine Kraft (sein Gewicht) auf eine Waage aus. Eine Kraft besitzt zwei Eigenschaften: ihre Stärke und ihre Richtung. Die Kraft– bzw. Feldlinien verlaufen in der Richtung der Kraftwirkung.

Kräfte und deren Wirkungen werden auf vier verschiedene fundamentale Wechselwirkungsprozesse (d.h. auf vier verschiedene Ursachen von Kräften) zurückgeführt. Der uns vertrauteste Prozess ist die *Gravitation*, auch *Schwerkraft* genannt. Es ist die Kraft, die uns auf den Boden zieht und die Himmelskörper auf ihre Bahnen zwingt. Allgemein gilt: Masse, d.h. Materie zieht sich an. Wir erwähnten schon, zur Zeit Newtons glaubte man, die Gravitation sei eine *Fernwirkung*. Man nahm an, die Schwerkraft existierte ohne jegliche Übermittlung und werde unendlich schnell übertragen. So wüssten z.B. alle Sterne instantan untereinander von ihrer Existenz. Unverständlich und unerklärt blieb, wie diese Wechselwirkung zwischen den durch den leeren Raum getrennten Sterne ablaufen sollte. Heute wird angenommen, dass sich die Gravitationswechselwirkung durch Gravitonen mit der endlichen Lichtgeschwindigkeit ausbreitet. Gravitonen sind die kleinsten Boten der Gravitationskräfte, in Analogie zu den Photonen, bzw. den Lichtteilchen, die die kleinsten Einheiten und Boten des elektromagnetischen Feldes darstellen.

Die endliche Ausbreitungsgeschwindigkeit einer Wechselwirkung führt im Gegensatz zur Fernwirkung zu der sogenannten *Nahwirkung*, wie wir sie vom Schall her kennen und wie sie in der Abb. 4.1 am Kugelgalgen erläutert wurde.

Eine andere uns gut bekannte Wechselwirkung ist die *elektromagnetische Wechselwirkung*. Es ist die Wechselwirkung zwischen elektrisch geladenen Teilchen. Die elektromagnetische Kraft folgt zwar dem gleichen Abstandsverhalten wie die Gravitation, die Kraft zwischen Ladungen nimmt mit dem Quadrat des Abstandes ab, sie besitzt aber noch eine zusätzliche Eigenschaft: Während die Gravitation stets anziehend wirkt, kann ihre Kraft anziehend oder abstoßend sein. Denn es gibt im Gegensatz zur Masse bei der Gravitationswechselwirkung positive und negative elektrische Ladungen. So sind die Elektronen negativ und die Atomkernbausteine, die Protonen, positiv geladen. Gleichnamige Ladungen stoßen sich ab, während ungleichnamige Ladungen sich anziehen. Oft wird diese Wechselwirkung nach dem französischen Forscher Charles Augustin de Coulomb (1736-1806) *Coulomb–Wechselwirkung* genannt. Sie ist die Basis unseres Lebens. Diese Wechselwirkung ist unmittelbar für unsere Existenz verantwortlich, denn die elektromagnetische Wechselwirkung ist die Ursache für den Bau der Atome und der Moleküle, für die Bildung von Flüssigkeiten und Festkörpern und sie ist somit die Grundlage für die Existenz aller komplexen chemischen Gebilde und aller Lebewesen. Der Körperbau, aber auch alle Körperfunktionen einschließlich des Denkens und Träumens beruhen auf bzw. erfolgen durch elektrische Kräfte. Wie zuvor erwähnt wurde jüngst nachgewiesen, dass unsere Gedächtnisleistung mit den elektrischen Gamma–Oszillationen unseres Gehirns zusammenhängt.

Wird elektrische Ladung bewegt, entsteht ein magnetisches Feld. So wird ein elektrischer Strom auf einer Leitung von einem ihn umkreisenden Magnetfeld begleitet. Auch das magnetische Feld von sich scheinbar in Ruhe befindlichen Permanentmagneten wird durch bewegte elektrische Ladung verursacht: das Magnetfeld wird von ungepaarten Elektronen erzeugt, die um den Atomkern kreisen. Das magnetische Feld der Erde wird elektri-

4.3 Wechselwirkungsprozesse

schen Strömen im flüssigen Teil des Erdinneren zugeordnet. Nach dieser Vorstellung umkreisen Magmaströme aus ionisierten Teilchen die Erdachse und verursachen das magnetische Dipolfeld der Erde.

Die dritte Wechselwirkung, die sogenannte *starke Wechselwirkung*, besteht zwischen den Bausteinen der Atomkerne. Der *elektromagnetischen Wechselwirkung* zufolge müssten sich die positiv geladenen Protonen im Kern aufgrund der gleichen Ladungen eigentlich abstoßen. Der Atomkern besteht bekanntlich aus positiv geladenen Protonen und elektrisch neutralen Neutronen. Diese Abstoßung findet auch statt, aber die außerdem wirkende *starke Wechselwirkung* wird bei extrem kleinen Abständen bedeutend größer als die elektromagnetische Wechselwirkung und verhindert so nicht nur die Abstoßung der Protonen im Atomkern, sondern erzwingt sogar das Verschmelzen einzelner Atombausteine zu neuen Kernen, die Kernfusion. Sie bewirkt somit den Bau der Atomkerne aus Neutronen und Protonen. Allerdings ist die Reichweite dieser Wechselwirkung sehr gering, so dass die Abstände zwischen den verschmelzenden Teilchen extrem klein sein müssen. Der Atomkerndurchmesser ist rund ein Millionstel kleiner als der Durchmesser eines Atoms. Die Energie der Sonne entsteht durch Kernfusion. Aus den kleinen Atomkernen des Wasserstoffs entsteht der größere Heliumkern. Dabei wird Energie freigesetzt. Der Heliumkern besitzt weniger Energie als die einzelnen Wasserstoffkerne und Neutronen zusammen. Die Verschmelzung läuft dabei über den Tunnelprozess ab (siehe Kap. 5), da selbst in der Sonne die Kernbausteine nicht genügend Bewegungsenergie besitzen, die elektromagnetische abstoßende Kraft zu überwinden, um in die extrem kurze Reichweite der starken Wechselwirkung zu gelangen. Die Temperatur in der Sonne beträgt 15 000 000 Grad. Zur Überwindung der abstoßenden elektrischen Kräfte ist jedoch eine Bewegungsenergie der Protonen notwendig, die einer Temperatur von 560 000 000 Grad entspricht. Bei der Kernverschmelzung werden gewaltige Energiemengen freigesetzt, unser Sonnenlicht ist die Folge dieser Energie.

Die vierte und für uns fremdartigste Wechselwirkung wird *schwache Wechselwirkung* oder schwache Kernkraft genannt. Sie löst die Radioaktivität aus und wird von drei sogenannten Vektorbosonen übertragen. Bei der Radioaktivität zerfallen große Atomkerne wie Uran und Radium in kleinere. Bei diesem Vorgang wird ebenfalls Energie freigesetzt. Diese Kernspaltungsenergie wird z.B. in Atomkraftwerken genutzt. Prinzipiell gilt, dass große Kerne sich unter Energieabgabe spalten, während sehr kleine Kerne unter Energieabgabe zu größeren fusionieren. Die stabilsten Kerne befinden sich in der Nähe des Eisens. Die Theorie der schwachen Wechselwirkung wurde 1967 von den beiden Physikern Abdus Salam und Steven Weinberg entwickelt. 1983 schließlich wurden die Teilchen dieser Wechselwirkung, die Vektorbosonen, experimentell nachgewiesen. In unserem Alltagsleben besitzt diese recht unanschauliche Wechselwirkung keine Bedeutung, da sie von den anderen Wechselwirkungen völlig überdeckt wird.

Der Energieaustausch, also eine Wechselwirkung dieser vier Kraftquellen findet über quantisierte Feldmengen statt. Im Fall der Gravitation sind es die Gravitonen, sie sind allerdings bis heute noch nicht nachgewiesen worden. Der Nachweis der Gravitonen wird zur Zeit international mit großen Anstrengungen verfolgt. Er ist sehr schwierig, da ihre Energie extrem klein ist. Die Energie der gesuchten Gravitonen (den Quanten des Schwerefeldes) ist im Vergleich zu den Photonen 42 Größenordnungen geringer. Das elektromagnetische Feld ist extrem stark im Vergleich zum Schwerefeld. Die Kräfte zwischen elektrischen Ladungen sind ungleicher stärker als die zwischen Massen. So ist die Anziehung zweier Elektronen aufgrund ihrer Masse vernachlässigbar gegenüber der Abstoßung durch ihre elektrische Ladung. Das

Verhältnis der anziehenden Massenwechselwirkung und der elektrischen Wechselwirkung aufgrund der Ladungen zwischen zwei Elektronen ist gewaltig: $4{,}17 \cdot 10^{42}$, also das Mehrfache einer zweiundvierzigstelligen Zahl.

Beim *elektromagnetischen Feld* findet die Wechselwirkung also über Photonen statt, bei der *Gravitation* über Gravitonen, bei der *starken Wechselwirkung* sind es Gluonen und bei der *schwachen Wechselwirkung* schließlich die W– und Z–Vektorbosonen. Die Gluonen und Vektorbosonen konnten in verschiedenen Hochenergieexperimenten nachgewiesen werden. In unserem Alltagsleben treten außer den Lichtquanten diese Boten der Wechselwirkungskräfte nicht auf.

4.4 Signale

Ein alltägliches Beispiel für die Erzeugung einer Wirkung bzw. eines Signals stellt die Glühfadenlampe dar. Hier senden thermisch angeregte, *glühende* Atome Lichtquanten aus, die im Auge von den Detektoren der Netzhaut empfangen, in spezielle elektrische Spannungssignale umgewandelt werden. Diese werden dann im Hirn als Licht wahrgenommen und interpretiert. Dieses einfache Beispiel für ein Signal teilt uns mit, dass der Draht in der Lampe leuchtet, also heiß ist. Die Farbwahrnehmung entspricht dabei der Energie der empfangenen Lichtquanten. Rote Lichtquanten besitzen z.B. nur etwa die halbe Energie der blauen Lichtquanten. Eine quantitative spektrale Analyse des Lichtes (Zerlegung des Lichtes in seine Farbkomponenten) würde uns also auch noch die Temperatur des Drahtes angeben. Kompliziertere Beispiele von Signalen empfangen und analysieren z.B. Astronomen. Sie empfangen aus dem Weltall von Zeit zu Zeit

Impulse elektromagnetischer Wellen in allen Frequenzbereichen, so auch im Bereich der Röntgen- und γ-Strahlen (Siehe Abbildung 5.13: *Spektrum der elektromagnetischen Wellen*). Sowohl die Frequenz der Strahlung als auch die Dauer des Impulses liefern den Astronomen Informationen über das stattgefundene kosmische Ereignis. So gibt die Frequenz der empfangenen Wellen an, ob es sich um Infrarot-, Röntgen-, oder γ-Strahlung handelt, und damit erhalten die Astronomen Auskunft über die Temperatur während des Ereignisses im Weltall (siehe Wiensches Verschiebungsgesetz, Abschnitt. 5.1). Die Dauer des Strahlungsimpulses sagt aus, welche Energie bei dem kosmischen Ereignis freigesetzt wurde, ob beispielsweise ein Stern kollabierte oder ob ein Zusammenstoß zweier Sterne stattfand.

Ein technisches Signal ist in der Abbildung 4.6 dargestellt. Hier handelt es sich um ein amplitudenmoduliertes Signal der infraroten Trägerfrequenz von $2 \cdot 10^{14}$ Hz. (Die Amplitudenmodulation ist uns als *AM* vom Radio her bekannt und historisch ist die Amplitudenmodulation durch das Morsen in der Mitte des 19. Jahrhunderts populär geworden.) Auf eine elektromagnetische Welle konstanter Frequenz (Trägerfrequenz, hier infrarote Welle) wird durch Änderung der Amplitude ein Signal moduliert. Die Amplitudenänderung der Trägerfrequenz beinhaltet die Information, die von der Trägerfrequenz übertragen, *getragen* wird. Solche Signale der Abbildung 4.6 leiten unsere Telefonate und andere Daten über Glasfaser nach Übersee oder verknüpfen elektronische Rechner miteinander. Die Halbwertsbreite (zeitliche Länge bei der halben Höhe der Intensität des Signals) ist wie beim historischen Morsen die Information, während die Trägerfrequenz den Empfänger zuordnet. Die Halbwertsbreite und damit der Inhalt eines Signals ist unabhängig von der absoluten Signalhöhe bzw. Intensität. Sonst würden z.B. starke, sendernahe (laute) Signale andere Informationen, also z.B. andere Musik vermitteln, als schwache (leise) senderferne Signale.

4.4 Signale

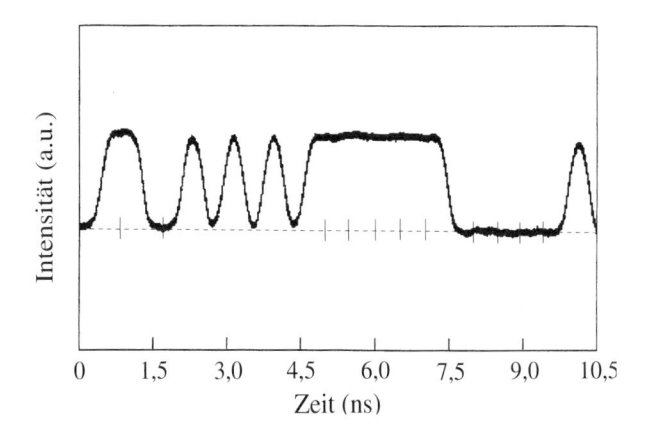

Abb. 4.6: Die elektrische Intensität eines digitalen amplitudenmodulierten Signals, wie es über eine Leitung gesandt wird, ist in Abhängigkeit von der Zeit dargestellt. Gezeigt wird eine Folge von digitalen Signalen (= Impulsen unterschiedlicher Länge), die aus einzelnen bits bestehen. Ähnlich wie beim klassischen Morsen entspricht die Impulshalbwertsbreite dem Wert 0 oder 1. Die dargestellte Intensität ist die Einhüllende der modulierten Trägerfrequenz, die Impulshalbwertsbreite entspricht der Anzahl der bits. Den ersten zwei bits '1' folgen zwei bits '0', dann ein bit '1', ein bit '0' usw. .

Das heute in der Technik nicht klassisch morseartig, sondern mathematisch sinnvollere digitalverschlüsselte Signal besteht aus den zwei Zahlen 0 und 1, die durch die Halbwertsbreite eines Impulses ausgedrückt werden. Im gezeigten Beispiel der Abbildung 4.6 ist das Signal aus den sogenannten bits 1,1,0,0,1,0,1, 0,1,1,1,1,1,1,0,0,0 usw. zusammengesetzt. Die kleinste Informationseinheit wird bit genannt. Ein Bite besteht aus 8 bits. Die Reihenfolge dieser Zahlen 0 und 1 bestimmt dann eine Zahl oder einen Buchstaben ähnlich dem Morsen. Unsere Sprache und jede Art von Information wird in diese digitale Form übersetzt, dann zum Empfänger übertragen und schließlich in die uns verständliche Form der analogen Signaldarstellung zurücktransformiert.

Das heute technisch meist benutzte binäre System hat also als Basis nur die zwei Zahlzeichen 0 und 1. Das uns vertraute Dezimalsystem besitzt die Zahlzeichen 0 bis 9. Der Zusammenhang zwischen beiden Systemen ist in Tabelle 4.1 dargestellt. Für

dezimal	0	1	2	3	4	5	6	7	8	9
binär	0	1	10	11	100	101	110	111	1000	1001

Tabelle 4.1: Zusammenhang zwischen dem dezimalen und dem binären Zahlensystem.

den elektronischen Rechner ist das binäre System vorteilhafter als das Dezimalsystem. Neben dem binären und dem dezimalen Zahlensystem sind abhängig vom Anwendungsgebiet weitere Zahlensysteme von Vorteil, so z.B. das Oktalsystem, das Hexadezimalsystem oder auch das mathematisch vorteilhafte Zwölfersystem. Beim letzten Zahlensystem werden zwölf Zahlenzeichen benötigt, die zwölf ist dann durch die erste zweistellige Zahl gegeben. Das Besondere hierbei ist, dass sich die Zahl 12 durch fünf einstellige Ziffern (1,2,3,4,6) dividieren lässt. Die Zahl 10 ist dagegen nur durch die beiden Zahlen 2 und 5 teilbar. Es soll frühe Kulturen gegeben haben, die das vorteilhafte Zwölfersystem benutzt haben. Unsere zehn Finger sind gewiss die Ursache des Einsatzes des Dezimalsystems.

Eine Wirkung bzw. ein Signal kann nur durch Energie–Quanten (Gravitonen, Photonen, Gluonen und Vektorbosonen) der vier vorher genannten fundamentalen Wechselwirkungsprozesse übertragen und ausgelöst werden. Detektoren, Messgeräte, auch unsere Augen und Ohren, reagieren nur auf Quanten, also auf die Energieteilchen der entsprechenden Wechselwirkung. Dieses Prinzip der Detektion gilt für alle Felder.

4.5 Von Galilei über Newton und Einstein zur Quantenmechanik

Zur Zeit Galileis wurde angenommen, dass sich Geschwindigkeiten zwischen bewegten Sendern und einem bewegten Empfänger ganz allgemein addieren. Ein Vogel, der gegen eine Fensterscheibe prallt, trägt im Gegensatz zu einem Vogel, der gegen die Frontscheibe eines ihm entgegenfahrenden Autos fliegt, einen kleineren Schaden davon, da sich die Aufprallgeschwindigkeit durch die Addition der Einzelgeschwindigkeiten von Vogel und Auto zusammensetzt. Wird nach dieser klassischen Theorie eine Kugel von einem Zug in Fahrtrichtung abgeschossen, so misst ein ruhender Beobachter eine Kugelgeschwindigkeit, zu der sich noch die Geschwindigkeit des Zuges addiert. Diese *Addition der Einzelgeschwindigkeiten* (die sogenannte Galilei–Transformation) gilt allerdings nur für *niedrige* Geschwindigkeiten, wie Einsteins Relativitätstheorie 300 Jahre später zeigte. (Niedrig bedeutet hier, dass die Geschwindigkeiten klein sind im Vergleich zur Lichtgeschwindigkeit mit ihren 1 080 000 km/h, bzw. 300 000 km/s.)

Ende des 19. Jahrhunderts wurde von Hendrik Antoon Lorentz (1853–1928) und anderen spekuliert, dass diese Addition der Geschwindigkeiten für das Licht nicht gilt. Wird z.B. eine Kugel von einem fahrenden Zug in Fahrtrichtung abgeschossen, so misst ein ruhender Beobachter eine Kugelgeschwindigkeit, zu der sich noch die Geschwindigkeit des Zuges addiert. Das Licht für einen im Zug Reisenden breitet sich dagegen genauso schnell aus wie für den gegenüber dem Zug ruhenden Beobachter. Das war sehr aufregend und sensationell: Die Lichtgeschwindigkeit ist offenbar eine Konstante; sie ist unabhängig vom Bewegungszustand des Senders und des Beobachters. Das stand im Widerspruch zur klassischen Galilei–Transformation bei der sich die Geschwindigkeiten addieren. Bedeutende Forscher wie z.B. Hendrik Antoon Lorentz und Henri Poincaré widmeten sich der Erklärung die-

Abb. 4.7: Physiker Hendrik Antoon Lorentz (1853–1928). Er fand die für die Relativitätstheorie grundlegende Lorentz–Transformation, welche die Beziehungen zwischen ruhenden und bewegten Bezugssystemen beschreibt. Die Gleichungen erfüllen das Prinzip der Konstanz der Lichtgeschwindigkeit. Gemeinsam mit P. Zeeman erhielt er 1902 den Nobelpreis für Physik.
© *Bettmann/CORBIS*

ses Phänomens. Max Born schrieb dazu: *Lorentz führte um 1892 „die durch ihre Grobheit und Kühnheit überraschende Hypothese ein": Jeder Körper zieht sich in Bewegungsrichtung zusammen (Lorentz–Kontraktion), während zugleich die Zeit eine Dehnung (Dilatation) erfährt* [1].

Schließlich formulierte Albert Einstein 1905 die mathematische Beschreibung dieser Naturerscheinung in der Speziellen Relativitätstheorie. Zwischen gleichförmig bewegten Systemen (diese werden Inertialsysteme genannt), gleichgültig wie schnell sie sich bewegen, wird immer eine konstante Lichtgeschwindigkeit beobachtet. Dabei ändern sich sowohl der *Längenmaßstab* der Gegenstände als auch der *Zeitablauf* in den bewegten Systemen für einen ruhenden Beobachter.

4.5 Von Galilei über Newton und Einstein zur Quantenmechanik

Für den relativ zum bewegten System ruhenden Beobachter entsteht eine Kontraktion (ein Zusammenziehen) der Länge und eine Dilatation (eine Verlängerung) der Zeit. Der Beobachter sieht im bewegten System Gegenstände kürzerer Länge und langsamer gehende Uhren als der mitreisende Beobachter.

Mit diesem Erkenntnisstand folgt aus der Speziellen Relativitätstheorie das überraschende Phänomen des sogenannten Zwillingsparadoxons.

Man kann demnach folgendes Gedankenexperiment durchführen: Von einem Zwillingspaar wird ein Bruder auf eine Reise von der Erde ins Weltall mit annähernd Lichtgeschwindigkeit geschickt. Der sich rasch entfernende, beschleunigte Bruder altert dabei langsamer als der auf der Erde verbliebene. Aber, obwohl der rasch bewegte Bruder langsamer altert und damit länger als der auf der Erde verbliebene Bruder lebt, hat er keine Lebensverlängerung gewonnen. Die durchschnittlich 40 Milliarden Empfindungen eines Menschen erlebt er gegenüber dem zurückverbliebenen Bruder nur langsamer. Die Gesamtzahl seiner Empfindungen vergrößert sich durch die Reise nicht.

Eine erstaunlich einfache experimentelle Bestätigung des Zwillingsparadoxons, d.h. der Zeitdilatation, gelang 1971 dem Physiker Joseph C. Hafele von der Washington–Universität in St. Louis und dem Astronomen Richard Keating vom U.S. Naval Observatorium. Sie reisten in einem Jumbojet mit vier Atomuhren an Bord rund um die Welt, einmal in westlicher und einmal in östlicher Richtung. Am Boden ließen sie entsprechende Uhren zum Zeitvergleich zurück.

Wie in Abbildung 4.8 skizziert, addieren sich auf dem Flug nach Osten die Fluggeschwindigkeit und die Geschwindigkeit der Erddrehung. Die Geschwindigkeit des Flugzeuges wirkt dadurch auf den Beobachter höher als die Geschwindigkeit der Uhren am Boden, was zu einem langsameren Vergehen der Zeit an Bord führt.

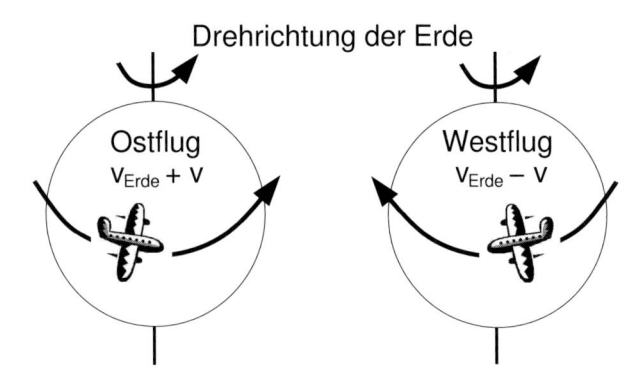

Abb. 4.8: Das Hafele-Keating-Experiment. Hafele und Keating bewiesen das Zwillingsparadoxon indem sie mit Atomuhren auf Linienflügen einmal nach Westen und einmal nach Osten um die Erde reisten.

Auf dem Flug nach Westen bewegt sich das Flugzeug dagegen entgegengesetzt zur Erddrehung. Dadurch subtrahieren sich die Flugzeuggeschwindigkeit und die Geschwindigkeit der Erddrehung. Damit ist die Geschwindigkeit des Flugzeuges für einen Beobachter, dessen Bezugssystem sich mit der Erde mitbewegt, geringer als die Geschwindigkeit der Uhren am Boden, die Zeit verging an Bord schneller.

Beim Uhrenvergleich nach der Rückkehr stellten die Forscher tatsächlich fest, dass die in westlicher Richtung gereisten Uhren gegenüber den zurückgelassenen Uhren vorgingen, wogegen die in östlicher Richtung gereisten Uhren etwas nachgingen.

	gemessener Wert Δt [ns]	berechneter Wert Δt [ns]
Ostflug	−59 ± 10	−40 ± 23
Westflug	+273 ± 7	+275 ± 21

Tabelle 4.2: Gemessene und berechnete Zeitunterschiede beim Ost- und West-Erdumrundungsflug von Hafele und Keating im Vergleich zu den auf der Erde zurückgelassenen Uhren. Die Zahlenangaben stammen aus [16].

Bei diesem Experiment trat allerdings ein weiterer relativistischer Effekt auf, der durch die Allgemeine Relativitätstheorie beschrieben wird[1]. Die Atomuhren an Bord sollten nämlich schon allein aufgrund des *Gravitationsunterschiedes* in der Luft und am Boden schneller laufen. Da in Richtung Osten der Gravitationseffekt (schneller laufende Uhren) dem Geschwindigkeitseffekt (langsamer laufende Uhren) entgegenwirkt, sollte die beim Ostflug gemessene Zeitdifferenz deutlich kleiner als die Zeitdifferenz in westlicher Richtung sein, bei der sich der Gravitationseffekt (schneller laufende Uhren) und der Geschwindigkeitseffekt (schneller laufende Uhren) addieren. Die in westlicher Richtung gereisten Uhren müssten dagegen gegenüber den am Boden verbliebenen Uhren deutlich vorgehen. Die in Tabelle 4.2 dargestellten Messdaten zeigen genau dieses Resultat.

Die Beobachtung der Ergebnisse des Fluges in östlicher und in westlicher Richtung, sowie die Berücksichtigung des Zeiteffektes aufgrund der geringeren Erdanziehung in Flughöhe bestätigten in diesem relativ einfachen Experiment überzeugend die Vorhersagen der Allgemeinen Relativitätstheorie [17].

---

[1]Die Allgemeine Relativitätstheorie geht dabei über die Spezielle Relativitätstheorie hinaus und beschreibt die Ereignisse nicht nur in ruhenden oder mit gleichbleibender Geschwindigkeit bewegten Systemen, sondern *allgemein* in allen, also auch in beschleunigten Systemen. Im Vordergrund der Betrachtungen steht die Beschleunigung durch die Gravitation.

5 Überlichtschnelle und zeitlose Phänomene

Vor gut einem Jahrzehnt wurde in der Physik eine aufregende Beobachtung gemacht, die unseren Alltagserfahrungen widerspricht. So fanden im Jahr 1992 erste photonische Experimente zur Bestimmung des Zeitverhaltens beim *Tunneleffekt* statt, die merkwürdige Ergebnisse lieferten. Es stellte sich heraus, dass tunnelnde Teilchen Hindernisse anscheinend *ohne Zeit durcheilen*, und das, obwohl sie nicht einmal genügend Energie besitzen, um diese Hindernisse überhaupt überwinden zu können. Unserer Alltagserfahrung nach dürften solche Teilchen die für sie zu hohen Hindernisse nicht überwinden. Wieso gelingt es ihnen trotzdem, auf die andere Seite zu gelangen, und dieses innerhalb des Berges sogar *zeitlos*? Abbildung 5.1 zeigt eine Karikatur zum Tunneleffekt. Nach der Theorie der Quantenmechanik besteht eine sehr geringe Wahrscheinlichkeit, dass *„ein bisschen Ball"* auf der anderen Seite der Mauer angetroffen wird.

Dass Teilchen *tunneln* können, ist ein, wenn auch im Alltag selten beobachtbares, so doch seit langem bekanntes quantenmechanisches Phänomen. Die Zeitlosigkeit des Tunnelprozesses dagegen ist kaum vorstellbar und war zuvor noch nicht gemessen worden. Bemerkenswert ist, dass bei genauer Analyse die Ergebnisse keineswegs der heute anerkannten Theorie der Physik, der Quantenmechanik, widersprechen. Auch wird dabei die Allgemeine Kausalität nicht verletzt. Ursache und Wirkung lassen sich auch beim Tunnelvorgang nicht vertauschen. Wir werden dieses instantan ablaufende Phänomen, den sogenannten *Tunnelprozess*, im folgenden ausführlich erläutern.

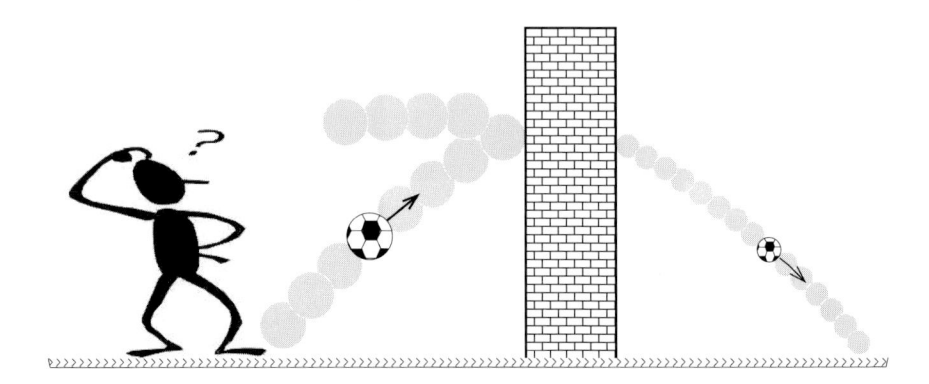

Abb. 5.1: Der Tunneleffekt. Wie gelangt ein „*bisschen*" Ball durch die Mauer hindurch?

5.1 Der Tunnelprozess: Räume ohne Zeit

5.1.1 Der Tunneleffekt

Der Tunneleffekt wurde mathematisch erklärbar durch eine Anfang des letzten Jahrhunderts entwickelte neue physikalische Theorie: die Quantentheorie. Sie bildet derzeit die Grundlage der gesamten modernen Physik.

Zufällig verhalf bei dieser revolutionierenden Forschung die gerade aufstrebenden Beleuchtungsindustrie mit der Entwicklung der Glühlampe ein wenig zum Erfolg. Sie war damals neu auf dem Markt und verdrängte allmählich die Gaslaterne. An der Berliner Physikalisch–Technischen Reichsanstalt (PTR) wurde an der Erforschung der Strahlungseigenschaften der Glühlampe gearbeitet. Man wollte verstehen, wie und warum sich die ausgesandte Lichtmenge und die Farbe eines heißen Körpers mit steigender Temperatur verändern. Je höher die Temperatur des Strahlers stieg, desto mehr verschob sich die Farbe des abgestrahlten Lichtes vom Roten ins Weiße.

Dem Mitarbeiter der Reichsanstalt Wilhelm K. W. Wien (1864 –1928) gelang es 1896 ein empirisches, d.h. ein auf Beobachtungen beruhendes, Gesetz der spektralen Energieverteilung, d.h. der Farbenzusammensetzung der Strahlung, in Abhängigkeit von der Temperatur aufzustellen. Dieses Gesetz wird nach ihm *Wiensches Verschiebungsgesetz* genannt.

Abb. 5.2: Max Planck, Begründer der Quantenmechanik. Foto: *Deutsches Museum München*

Max Planck (1858–1947) leitete drei Jahre später dieses Verhalten eines sogenannten *thermischen Strahlers* auch theoretisch ab. Da sich aber bei Präzisionsmessungen vor allem im langwelligen Bereich große Abweichungen vom *Wien–Planckschen Strahlungsgesetz* ergaben, nahm sich Planck dieser Formel erneut an.

Zuerst am 8. Mai. 1899 vor der Königlich Preussischen Akademie der Wissenschaften und später am 14. Dezember 1900 auf der Sitzung der Physikalischen Gesellschaft in Berlin schlug Planck eine theoretisch begründete Formel vor, die die Messdaten nun vollständig beschrieb. Dazu musste er von der bisherigen physikalischen Auffassung abweichen, die Energie sei eine kontinuierliche Größe. In seiner Formel nahm die Strahlungsenergie E zur Frequenz f proportionale *diskrete* Werte an ($E = hf$). Dazu war die Einführung einer Naturkonstanten h mit $h = 6,6 \cdot 10^{-34}$ Js erforderlich, sie wird seither als *Plancksches Wirkungsquantum* bezeichnet.

Planck fühlte sich mit seiner Formel nicht besonders wohl, sie widersprach schließlich gänzlich der Grundüberzeugung der klassischen Physik, in der die Natur keine *„Sprünge"* macht. Er tat dies alles nur, um *„koste es, was es wolle, ein positives Resultat"* herbeizuführen. Später schrieb er, er könne *„die ganze Tat nur als einen Akt der Verzweiflung bezeichnen"*.

Weder Planck noch seine Kollegen erkannten sofort die ungeheure Tragweite dieser Annahme der *gequantelten Natur*. Erst weitere fünf Jahre später stellte Albert Einstein (1879–1955) seine noch viel radikalere Lichtquantenhypothese vor, die schließlich zum endgültigen Bruch mit den althergebrachten Naturvorstellungen führte. In seiner Hypothese mit dem Titel *„Über einen die Erzeugung und Verwandlung von Licht betreffenden heuristischen Gesichtspunkt"* betrachtete er das Licht als *„Bombardement von Teilchen"*. Seine Theorie wurde von ihm zur Deutung des *photoelektrischen Effektes* erfolgreich eingesetzt. Einstein zeigte, dass ein von einem Atom absorbiertes Photon (Lichtquant) seine Energie nur an ein einzelnes Elektron abgibt. Wie in Abbildung 5.4 skizziert, löst ein Photon mit seinem Energiequantum hf ein Elektron von dem Atom ab. Die Energie des Photons wird bei diesem Prozess vollständig an das Elektron übergeben. Einstein bekam für diese Erklärung des photoelektrischen Quan-

Abb. 5.3: Albert Einstein,1912. Er erweitert die Quantentheorie von Max Planck um die Hypothese der Lichtquanten. *Foto: Deutsches Museum München*

teneffektes (nicht für seine berühmte Relativitätstheorie) 1921 den Nobelpreis verliehen.

In diesem Zusammenhang ist es interessant, dass schon vor 300 Jahren Newton das Licht als Teilchen beschrieb und nicht als eine Welle ansah. Er hatte damals mit seiner Annahme einen schweren Stand, denn alle Experimente wiesen zu dieser Zeit ausschließlich auf die Wellennatur des Lichtes hin.

Auf der 1. Solvay–Konferenz in Griechenland, einer *Gipfelkonferenz* der damals führenden Physiker, kam im Herbst 1911 der Durchbruch für die Plancksche Quantenhypothese. Die Quantentheorie rückte nun in den Mittelpunkt der zeitgenössischen physikalischen Forschung.

Viele Effekte in der Optik, Elektronik oder auch in der modernen Nanotechnologie sind nur mit der Quantentheorie erklärbar,

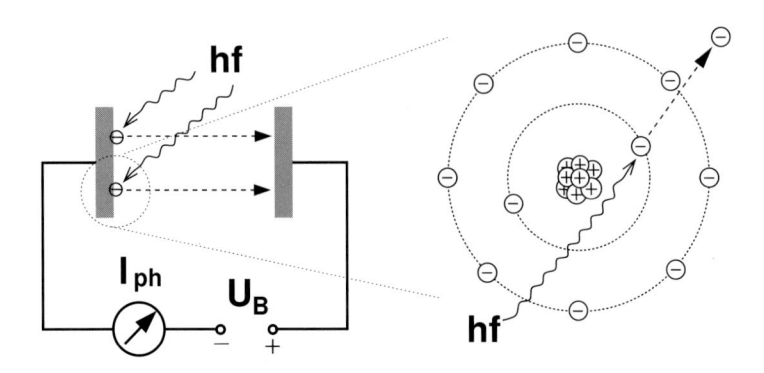

Abb. 5.4: Der photoelektrische Effekt. Das Photon überträgt beim Stoß mit einem Elektron seine gesamte Energie in Form diskreter Energiequanten hf. Ist die Energie hoch genug, wird das Elektron von der Metalloberfläche abgelöst, es fließt ein elektrischer Strom.

aber auch viele chemische oder molekularbiologische Prozesse sind quantenphysikalischer Natur. So erklärt z.B. erst die Quantenphysik wie Laser funktionieren, warum Metalle den Strom besser leiten als andere Festkörper oder, eine bis zur Einführung der Quantenphysik ungeklärte grundsätzliche Frage, warum Atome überhaupt stabil sind. Weshalb fallen die Elektronen nicht auf den anziehenden positiv geladenen Atomkern?

Der Elektromagnetismus, einer der vier fundamentalen Wechselwirkungsprozesse, wird durch die 1873 von James Clerk Maxwell (1831–1879) aufgestellte Maxwell–Theorie ausgezeichnet und elegant beschrieben. Eine Unvollständigkeit dieser Theorie wurde erst bei der Beschreibung des Wasserstoffatoms bemerkt. Die Anziehung eines (negativ geladenen) Elektrons und eines (positiv geladenen) Protons bilden zusammen das Wasserstoffatom. Die Maxwellsche Theorie beschreibt hierbei jedoch nicht, weshalb sich das Elektron satellitenartig stabil auf Bahnen um das Proton, d.h. den Atomkern, bewegt und nicht innerhalb von $3\cdot 10^{-13}$ Sekunden auf das Proton stürzt. Die beobachtete Bahnstabilität

5.1 Der Tunnelprozess: Räume ohne Zeit

```
Goldschmidt   Planck      Rubens Lindemann      Hasenohrl
   Nernst     Brillouin      Sommerfeld De Broglie   Hostelet
                  Solvay                    Knudsen    Herzen Jeans Rutherford
                          Lorentz      Warburg   Wien          Einstein  Langevin
                                   Perrin  Madame Currie Poincaré  Kamerlingh Onnes
```

Abb. 5.5: 1. Solvay–Konferenz im Herbst 1911. Sie brachte den Durchbruch für die Plancksche Quantenhypothese. © *Hulton-Deutsch Collection/CORBIS*

und die Eigenschaft überhaupt, dass sich Elektronen nur auf gewissen Bahnen um den Atomkern bewegen können, hat die Theorie der Quantenmechanik erklärt.

Wichtige Unterschiede der Quantentheorie gegenüber der klassischen Physik sind z.B.:

- Die Quantisierung
  Alle physikalischen Felder sind quantisiert. Sie existieren nur in Vielfachen minimaler Energiemengen, den sogenannten

Quanten. Felder können nur über diese Energiequanten wirken und damit gemessen werden.

- Der Welle–Teilchen–Dualismus
  Ist ein Elektron teilchenartig wie eine Billardkugel oder besitzt es Wellennatur wie eine Wasserwelle? Den in der Quantenphysik untersuchten Quanten (d.h. Teilchen wie z.B. Elektronen, Neutronen oder Photonen) werden sowohl Teilchen– als auch Welleneigenschaften zugeschrieben. Welle und Teilchen bilden in der Mikrowelt eine untrennbare Einheit. So können z.B. Lichtquanten aufgrund ihrer Teilcheneigenschaften beim Aufprall auf eine Metallplatte ihre Energie an einzelne Elektronen abgeben und diese dadurch vom Metallatom ablösen. Sie können aber auch aufgrund ihrer Welleneigenschaften an einem Spalt von ihrer Bahn abgebeugt werden, sich überlagern (interferieren) und dabei örtlich auslöschen oder verstärken. Welche Erscheinung (ob Teilchen oder Welle) beobachtet wird, ist, so erstaunlich es klingen mag, abhängig vom jeweils durchgeführten Experiment.

- Das Ende der eindeutigen Vorhersagbarkeit eines Ereignisses, d.h. des Determinismus
  Die klassische Physik erlaubt uns, das Verhalten eines Teilchens im voraus zu bestimmen. Das Teilchen besitzt eine gewisse Energie und bewegt sich in einer bestimmten Richtung zu einem Zeitpunkt und damit ist auch das Verhalten des Teilchens in der Zukunft festgelegt. In der Quantenphysik ist dies nicht mehr möglich: Das zukünftige Verhalten eines Teilchens ist zufällig und lässt sich nur noch mit einer bestimmten Wahrscheinlichkeit vorhersagen. Die Quantenmechanik sagt z.B. nur aus, dass von 1000 Atomen etwa 10 zu einer gewissen Zeit zerfallen werden. Wir können aber nicht sagen, welche von den 1000 radioaktiven Atomen zu welchem Zeitpunkt zerfallen werden.

- Die Unmöglichkeit der präzisen Messung (Unbestimmtheitsrelation, auch Unschärferelation genannt)
  Es ist nicht möglich, wie in der klassischen Physik den Ort und die Geschwindigkeit oder die Energie und die Zeit eines Quants zugleich exakt zu bestimmen. Je genauer man den einen Wert ermittelt, desto unbestimmter wird der andere.

  Die Unschärferelation lässt sich auf folgende Weise anschaulich erklären: Je genauer man den Ort eines Teilchen messen will, umso kleiner muss die Wellenlänge des benutzten Lichtes sein. Damit wächst jedoch umgekehrt proportional zur Wellenlänge die Energie des Lichtquants und stört bei der Messung entsprechend die Geschwindigkeit des Messobjektes.

Diese Unbestimmtheitsrelation zwischen Energie und Zeit kann als Ursache des Tunneleffekts angesehen werden. Sie ermöglicht es theoretisch, einem Teilchen für extrem kurze Zeit einen Energieschub zu verleihen, der ausreicht, zuvor unüberwindbare Barrieren zu überschreiten. Diese Relation erklärt jedoch nicht das Zeitverhalten beim Tunnelvorgang, wie später noch gezeigt wird.

Wir wollen das Tunnel–Phänomen nun an einigen Beispielen erläutern. Der Tunneleffekt wurde um 1926 erstmals beim radioaktiven Zerfall von Uran beobachtet und, wie in der Einleitung bereits erwähnt, um 1928 quantitativ durch die Quantenmechanik erklärt.

Große Atomkerne mit vielen Bausteinen sind nicht stabil, sie zerfallen mit der Zeit in kleinere. Riesenatomkerne, die nach dem Urknall existierten, sind schon lange zerfallen und in der heutigen Natur nicht mehr anzutreffen. Ihre Lebensdauer, d.h. ihre Zerfallszeit, war kürzer als das Alter unserer heutigen Welt.

Eines der stabilsten Elemente ist das Eisenatom. Es besteht aus 82 Kernbausteinen, nämlich aus 26 Protonen und 56 Neutronen sowie aus 26 Elektronen in der Atomhülle auf quantisierten Umlaufbahnen. Bei dieser Anordnung sich elektrisch abstoßen-

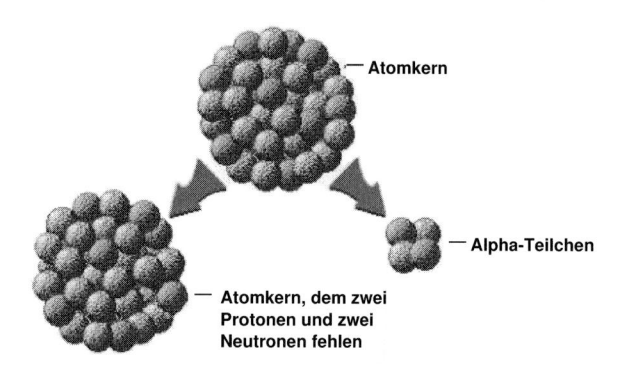

Abb. 5.6: Kernzerfall beim Uran–Atom. Ein α–Teilchen löst sich aus dem Atomkern, obwohl seine Energie eigentlich zu gering ist, um die Kernkräfte zu überwinden.

der geladener Protonen und abschirmender neutraler Neutronen wird gerade der energetisch günstigste Zustand für Atomkerne erreicht. Alle natürlichen radioaktiven Prozesse führen, wenn auch zum Teil in gewaltigen Zeiträumen, dazu, dass größere Elemente zu Eisenatomen zerfallen oder kleinere Atome mit weniger Bausteinen in Richtung Eisenatom fusionieren (z.B. Wasserstoff zu Helium usw.). Beim radioaktiven Alpha–Zerfall löst sich aus dem Urankern ein Kernbaustein, das sogenannte α–Teilchen, bestehend aus zwei positiv geladenen Protonen und zwei Neutronen, obwohl die Kernkräfte das Teilchen eigentlich im Inneren des Atomkerns halten müssten (siehe Abbildung 5.6). Es entstehen zwei neue Teilchen, das fortfliegende α–Teilchen und ein neues zurückbleibendes Atom, das Thorium. Da auch Thorium noch radioaktiv ist, geht der Kernzerfall weiter. Es strahlt, wie in Abbildung 5.7 dargestellt, weiter Elektronen, γ–Quanten, Protonen und andere Elementarteilchen ab und zerfällt solange, bis das erste nichtradioaktive d.h. stabile (genauer ausgedrückt: sehr langlebige) Element Blei entstanden ist.

5.1 Der Tunnelprozess: Räume ohne Zeit

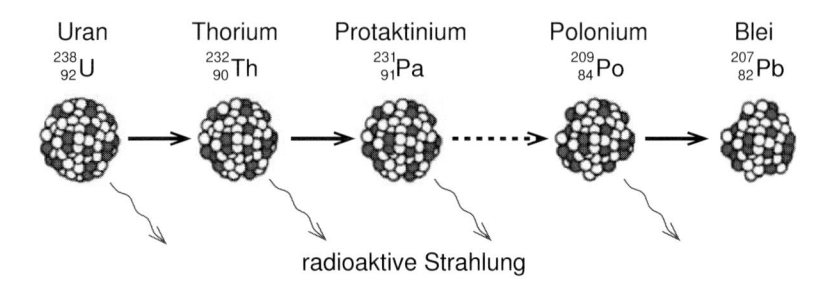

Abb. 5.7: Zerfall eines radioaktiven Urankernes zum viel langlebigeren Element Blei.

In Abbildung 5.8 ist der Tunnelprozess beim Kernzerfall des Uran–Atoms stark vereinfacht schematisch dargestellt. Ein α–Teilchen, hier als Wellenpaket dargestellt, kann aus dem Energietal des Urankerns auf die andere Seite eines Berges, d.h. aus dem Tal des Atomkerns hinaus gelangen, obwohl seine Energie zu gering ist, den Berg zu überwinden. Die Berge bilden hier die anziehenden Kernkräfte.

Eine Analogie zu diesem Beispiel wäre der Versuch einer Person, einen Ball so hoch zu werfen, dass dieser die Anziehungskraft der Erde überwindet und nicht mehr zurückfällt. Die Erdanziehung zu überwinden bedeutet hier in anderen Worten ausgedrückt, den Gravitationsberg der Erde zu erklimmen, das Tal bildet bei dieser Kraft für uns die Erdoberfläche. Um den Berg zu überwinden ist eine Energie notwendig, die einer Abschussgeschwindigkeit von 11,2 km/s (40 320 km/h) entspricht. Auf diese Fluchtgeschwindigkeit von der Erde, muss eine Rakete gebracht werden, um beispielsweise den Jupiter oder den Mars erreichen zu können. Ist die Abschussgeschwindigkeit zu gering und damit die Energie zu klein, wird es nicht gelingen, der Anziehungskraft der Erde zu entfliehen. Ball bzw. Rakete stürzen auf die Erde zurück oder umkreisen sie als Satellit. Sie fallen in das Tal der

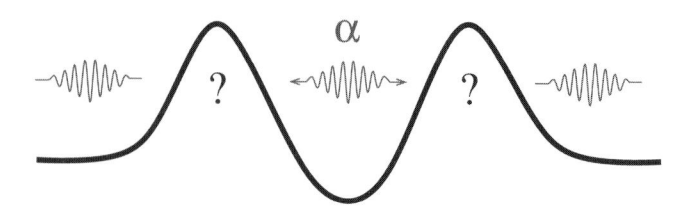

Abb. 5.8: Eine Skizze zum Tunneleffekt. Die Ordinatenrichtung zeigt die Energiegröße an, die Abszisse den Ort. Im Energietal eines Kernpotenzials ist ein α–Teilchen eingefangen. Nach unseren Alltagserfahrungen kann es wegen seiner zu geringen Energie den Berg nicht übersteigen. Trotzdem wird bei vielen Prozessen beobachtet, dass das Teilchen (hier das α–Teilchen) das Tal verlassen hat und auf der anderen Seite des Berges angetroffen wird. Das Teilchen ist *getunnelt*. Es stellt sich nun die spannende Frage: Wieviel Zeit verbrachte das Teilchen im Berg, d.h. wie lang dauert das "Tunneln"?

Erdanziehung zurück, statt in den Anziehungsbereich von Jupiter oder Mars zu gelangen.

In der Theorie der Quantenmechanik gibt es also den Tunneleffekt, der eine gewisse Wahrscheinlichkeit dafür angibt, dass Teilchen auch außerhalb des Energietales anzutreffen sind, ohne dass ihre Energie zum Überschreiten des Berges ausgereicht hat.

Oft dauert es viele Jahre, bis ein Teilchen aufgrund der geringen Tunnelwahrscheinlichkeit das Tal eines Atomkernes verlässt. Beim Kohlenstoffisotop C_{14} löst sich z.B. nur durchschnittlich alle 5 600 Jahre ein Teilchen aus dem Kern.

Auf dem radioaktiven Zerfall des Kohlenstoffisotops C_{14} beruht übrigens eine sehr hilfreiche und genaue Methode der Altersbestimmung von Fossilien, die sogenannte Radio–Karbon–Methode oder C_{14}–Methode für organisches Material. Sie wurde von Prof. Willard F. Libby (1949) an der Universität von Chicago entwickelt. 1960 erhielt Libby für seine *"C_{14}–Methode der Altersbestimmungen in Archäologie, Geologie, Geophysik und anderen*

Wissenschaften" den Nobelpreis für Chemie.

Die Methode funktioniert auf folgende Weise: In unserer Atmosphäre kommt Kohlenstoff in drei Isotopenformen unterschiedlicher Mengen vor, dem C_{12} (98,89%), dem C_{13} (1,11%) und dem C_{14} (0,0000000001%). Der Index der Isotope steht hier für die Anzahl der Kernbauteilchen (Protonen und Neutronen), denn ein Atom kann mit verschiedener Neutronenanzahl im Kern vorkommen. Diese unterschiedliche Neutronenanzahl bei derselben Protonenanzahl erlaubt, dass ein Atom unterschiedlich große Kerne besitzen kann. Diese chemisch identischen Atome werden Isotope genannt. Im Kohlenstoffkern befinden sich 6 Protonen, um den in der Atomhülle 6 Elektronen kreisen. Das Isotop C_{12} besitzt demzufolge noch zusätzlich 6 Neutronen, das Isotop C_{13} 7 und das Isotop C_{14} 8 Neutronen zu den 6 Protonen im Atomkern.

Die Isotope C_{12} und C_{13} sind stabil, das C_{14} dagegen ist radioaktiv, also instabil. Die Stabilität eines Atoms wird durch seine Kernzusammensetzung bestimmt. Bei dem Isotop C_{14} verursacht das achte Neutron im Kern den weniger dauerhaften Zustand im Vergleich zu C_{12} mit seinen nur 6 Neutronen.

Alle Lebewesen nehmen nun im Laufe ihrer Existenz C_{14}-Isotope aus der Umgebung durch Photosynthese, Atmung oder die Nahrungskette auf. Die C_{14}-Konzentration in den Lebewesen steht dadurch im physikalischen Gleichgewicht mit der Atmosphäre. Stirbt ein Lebewesen, wird kein weiterer Kohlenstoff mehr aufgenommen, und die vorhandene C_{14}-Konzentration nimmt durch den radioaktiven Zerfall mit einer konstanten Rate ab (siehe Abbildung 5.9). Durch die Messung der Restaktivität der C_{14}-Kohlenstoffisotope kann jetzt die Altersbestimmung erfolgen. Nach etwa 5600 Jahren ist in einem fossilen Lebewesen nur noch die Hälfte der ursprünglichen Konzentration des C_{14}-Isotops vorhanden, nach weiteren 5600 Jahren ist nur noch ein Viertel der Strahlung messbar. Somit lässt sich anhand des Zerfalls des C_{14}-Isotops im Vergleich mit der heutigen Luftzusam-

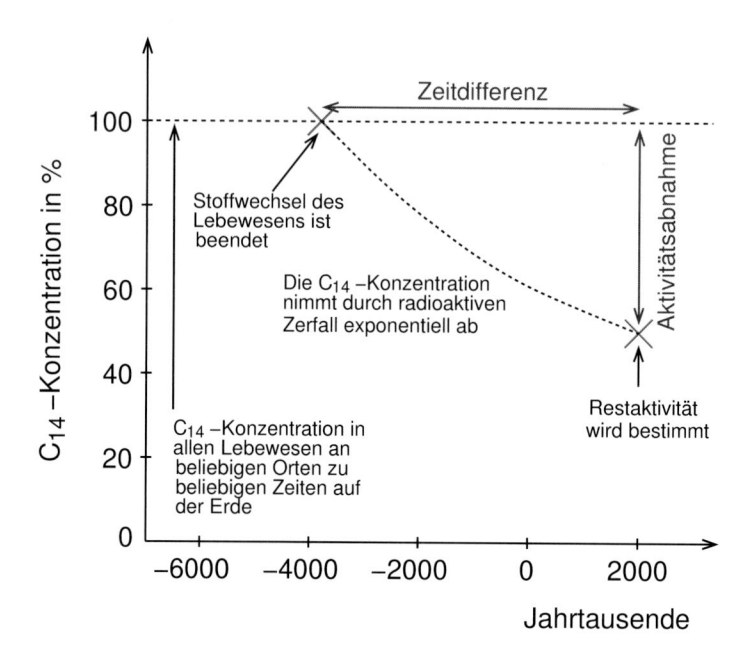

Abb. 5.9: Der radioaktive Zerfall von C_{14}–Isotopen in Fossilien ermöglicht ihre genaue Altersbestimmung.

mensetzung das Alter von organischem Material bis zu 70 000 Jahre zurückbestimmen. Zu den Triumphen der C_{14}–Methode zählt die Altersbestimmung der Mumien der Pharaonen.

Ein anderer, für das Leben existentieller Tunnelprozess läuft seit Milliarden Jahren in der Sonne und in den Sternen ab: die Kernfusion. Die Kernfusion ist ein energiefreisetzender Prozess, bei dem zwei Atomkerne zu einem neuen Atomkern verschmelzen und dabei die Sonnenwärme erzeugen. Er findet bei außerordentlich hohen Temperaturen statt, bei denen sich die Materie im vierten Aggregatzustand, dem sogenannten Plasma, befindet. Dies bedeutet, die Atome besitzen eine so große Bewegungsenergie, dass sie sich in ihre Bestandteile, die Elektronen und Kerne, zerlegen. Im Plasma sind also die Elektronen der Atome vom Atomkern getrennt, sie sind ionisiert. Die Elektronen (negativ geladen) und die Atomkerne (positiv geladene Ionen) bewegen sich mit großer Geschwindigkeit unabhängig voneinander. Die elektrische Anziehungsenergie der geladenen Teilchen ist im Plasmazustand kleiner als ihre Bewegungsenergie.

Zur Verschmelzung zweier Kerne müssen diese nahe genug zusammenkommen, damit die anziehend wirkenden Kernkräfte stärker werden, als die Coulomb–Abstoßung (entspricht hier dem Tunnelberg) durch die gleichnamige, positive, elektrische Ladung der Atomkerne. Um diese elektrische Abstoßung zu überwinden, müsste die Temperatur 560 Millionen Grad betragen. Da aber die Bewegungsenergie (sie ist ein Maß für die Temperatur) selbst im Inneren der Sonne nur etwa 15 Millionen Grad beträgt, reicht sie nicht aus, um die Coulomb–Abstoßung zu überwinden. Die Kerne des schweren Wasserstoffs Deuterium können ausschließlich aufgrund des Tunneleffekts mit den Kernen des überschweren Wasserstoffs Tritium zu einem Helium–4–Kern, einem sog. α–Teilchen fusionieren. Das α–Teilchen besteht aus zwei Protonen und zwei Neutronen. Diese Teilchen werden auch Nukleonen genannt. Bei dem Fusionsvorgang wird ca. viermal soviel Energie pro Nukleon frei wie bei der Spaltung eines Urankerns. Diese Energiefreisetzung verursacht die eingangs erwähnte gewaltige Wirkung der Wasserstoffbombe.

In Abbildung 5.10 ist die Fusion zweier Wasserstoffkerne (Deuterium = ein Proton und ein Neutron und Tritium = ein Proton und zwei Neutronen) zu einem Heliumkern dargestellt. Deuterium H_2 und Tritium H_3 sind Isotope des Wasserstoffs.

Eine technische Anwendung des Tunneleffektes gibt es seit 1960 in der Halbleiterelektronik: die Tunneldiode, nach ihrem Entdecker oft auch Esaki–Diode genannt. Dieses Bauelement befindet sich heute in zahlreichen mikroelektronischen Schaltungen. Als Halbleiter bezeichnet man solche Materialien, die bei

84   5 Überlichtschnelle und zeitlose Phänomene

Deuteronkern

Heliumkern

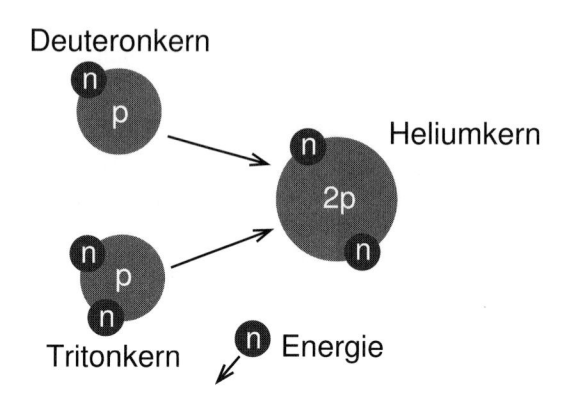

Tritonkern   **Energie**

Abb. 5.10: Kernfusion zweier Wasserstoffkerne zu einem Heliumkern. Bei der Verschmelzung der Protonen p wird ein Neutron n mit enormer Energie freigesetzt.

tiefen Temperaturen elektrisch gut isolieren, bei hohen Temperaturen aber elektrische Leiter sind.

Aufgrund der räumlichen Nähe und der periodischen Anordnung sehr vieler gleichartiger Atome sowie deren Elektronen in einem Festkörper gruppieren sich energetisch eng benachbarte Elektronenbahnen zu sogenannten *Energiebändern*. Die Elektronenbahnen sind dann nicht mehr scharf bestimmt, sondern bilden ein breites Band von möglichen Kreisbahnen. Diese Bahnenbänder entsprechen erlaubten Energiebändern. Elektronen, die sich in diesen Energiebändern bewegen, können nicht mehr einzelnen Atomen, sondern nur noch dem ganzen Halbleiter-Kristall zugeordnet werden. Man spricht deshalb auch von einem Elektronengas zwischen den Atomrümpfen des Kristalls. Die einzelnen Energiebänder sind je nach Halbleitermaterial durch mehr oder weniger große Lücken getrennt. Der Grund für das von einem Metall abweichende Stromleitungsverhalten der Halbleiter ist eine solche sogenannte *verbotene Energielücke*, die das energetisch höchste, voll mit Elektronen besetzte Energieband, *das*

5.1 Der Tunnelprozess: Räume ohne Zeit

Valenzband, vom nächst höheren, *dem Leitungsband*, trennt (siehe Abbildung 5.11).

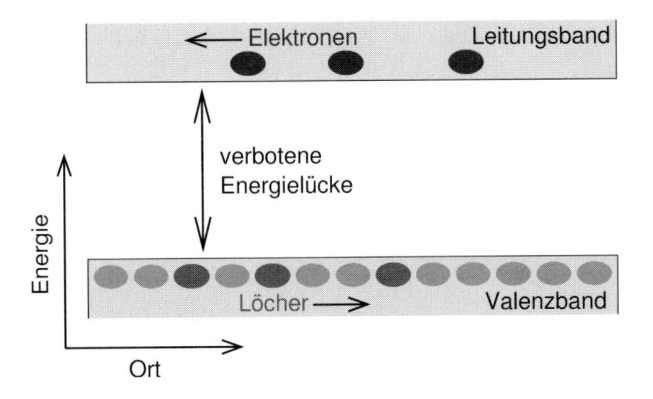

Abb. 5.11: Energieband–Modell eines Halbleiters. In der verbotenen Energielücke kann in Übereinstimmung mit der Quantenmechanik kein Elektron existieren. Diese Energielücke entspricht einem Potenzialberg, der bei ausreichender thermischer Energie übersprungen werden kann oder sonst nur durch Tunneln überwindbar ist. Nur Elektronen mit größerer oder geringerer Energie als die Energielücke können sich in einem Halbleiter aufhalten.

Bei niedrigen Temperaturen (d.h. kleiner Bewegungsenergie) besetzen die Elektronen der Halbleiteratome das Valenzband vollständig. Damit besteht für die Elektronen keine Bewegungsmöglichkeit, alle Plätze sind besetzt. Mit steigender Temperatur gelangen jedoch mehr und mehr Elektronen in das Leitungsband. Nun können sich die Elektronen im Leitungsband wie in einem Gas bewegen, und auch die freien Plätze im Valenzband (sie werden Löcher genannt) können durch ein elektrisches Feld bewegt werden.

Das Grundprinzip eines Halbleiters kann gut mit folgender Analogie erklärt werden. Man stelle sich ein Haus mit zwei Stockwerken, einem Eingang und einem gegenüberliegenden Ausgang vor. Das Erdgeschoss ist mit Menschen gefüllt, die Pakete vom

Eingang zum Ausgang transportieren sollen. Das Erdgeschoss entspricht in diesem Modell dem Valenzband, der erste Stock dem Leitungsband und die Menschen den Elektronen. Befinden sich nun nur wenige Menschen im Erdgeschoss, ist der Transport kein Problem, das Gebäude verhält sich wie ein guter Leiter. Ist das Erdgeschoss komplett mit Menschen gefüllt und der erste Stock gesperrt, kann kein Transport stattfinden, das Gebäude entspricht einem guten Isolator. Ist aber der erste Stock für die Menschen, die die Energie aufbringen, über ihn zum Ausgang zu gelangen, geöffnet, so kann doch ein Transport stattfinden. Im ersten Stock ist das Durchqueren kein Problem, und auch im Erdgeschoss wird wieder etwas mehr Platz für den Transport frei, denn im Halbleiter entsprechen die dort fehlenden Elektronen sogenannten *Löchern*, die auch zur Leitfähigkeit beitragen.

Wie schon erwähnt, gewinnen also einige Elektronen durch die Wärmebewegung der Atome die notwendige Energie, um die Energielücke zu überqueren und ins Leitungsband zu gelangen.

Um die Leitfähigkeit eines Halbleiters zu erhöhen, fügt man ihm oft durch den Einbau von Fremdatomen zusätzliche Elektronen (n–Leitung = Menschen im ersten Stock) oder Löcher (p–Leitung = weniger Menschen im Erdgeschoss) hinzu. Kombiniert man n– und p–leitendes Material, so erhält man eine gleichrichtende Diode. Der Strom durch diese Halbleiterstruktur ist nun von der Polung der angelegten Spannung abhängig: Die Strom–Spannungs–Kennlinie ist jetzt unsymmetrisch[1]. Je

---

[1] Eine Strom–Spannungskennlinie gibt die Abhängigkeit des Stromes durch die Probe in Abhängigkeit von der Größe der angelegten Spannung an. Wächst der Strom proportional mit der angelegten Spannung, dann nennt man das Verhalten *ohmsch*. Ist der Strom nicht proportional zur angelegten Spannung, dann spricht man von *nicht-ohmschem* oder *nicht-linearem* Verhalten. Hängt die Stromgröße von der Spannungspolung ab, dann ist die Strom–Spannungskennlinie asymmetrisch. Eine solche Asymmetrie hatte bereits Karl Ferdinand Braun (1850-1918), der Erfinder der Elektronenstrahlröhre im 19. Jahrhundert entdeckt. Er untersuchte das Strom–Spannungsverhalten verschiedener halbleitenden Mineralien und beobachtete dabei die Stromabhängigkeit von der Polung der angelegten Spannung.

nach Dotierung der beiden Halbleiterstücke kann die in Abbildung 5.12 a dargestellte Energie–Bandstruktur entstehen. Im n–leitenden Gebiet ist die Energie des Leitungsbandes abgesenkt, im p–leitenden Gebiet ist dagegen die Energie des Valenzbandes angehoben worden. Den Elektronen des Leitungsbandes im n–Halbleiter stehen nun durch eine verbotene Energie–Zone (Potenzialberg) getrennt, Löcher des Valenzbandes im p–Halbleiter gegenüber. Obwohl ihre Energie E_g nicht ausreicht, um vom Valenzband direkt ins Leitungsband aufzusteigen, sind die Elektronen jetzt in der Lage, durch diesen verbotenen Bereich, sowohl vom Leitungs– in das Valenzband als auch umgekehrt zu tunneln.

Der Tunnelstrom bewirkt eine stark nichtlineare Strom–Spannungskennlinie, wie sie für zahlreiche technische Anwendungen benötigt wird (siehe Abbildung 5.12 b).

5.1.2 Die Tunnelzeit

Nachdem wir den Prozess des Tunnelns näher betrachtet und sein häufiges Auftreten in Natur und Technik an einigen Beispielen besprochen haben, kommen wir nun zu einem weiteren erstaunlichen Aspekt des Tunnelvorganges. Der Tunnelprozess verblüffte zunächst dadurch, dass Teilchen Berge überwinden können, ohne die notwendige Energie zu besitzen. Die andere außergewöhnliche Eigenschaft betrifft sein Zeitverhalten. Erst in den letzten Jahren begann man mit der systematischen, experimentellen Untersuchung der Frage: *„Wieviel Zeit verbringt das Teilchen, also z.B. ein Elektron, ein α–Teilchen oder ein Photon in dem Berg, d.h. wieviel Zeit benötigt das Teilchen zum Durchqueren des Tunnels?"* Diese Frage hatte weniger Bedeutung für die Kernphysik als für die moderne Mikroelektronik und insbesondere für die Grundlagenforschung, d.h. für die Quantenmechanik: Sind ihre klassisch unphysikalischen Vorhersagen korrekt?

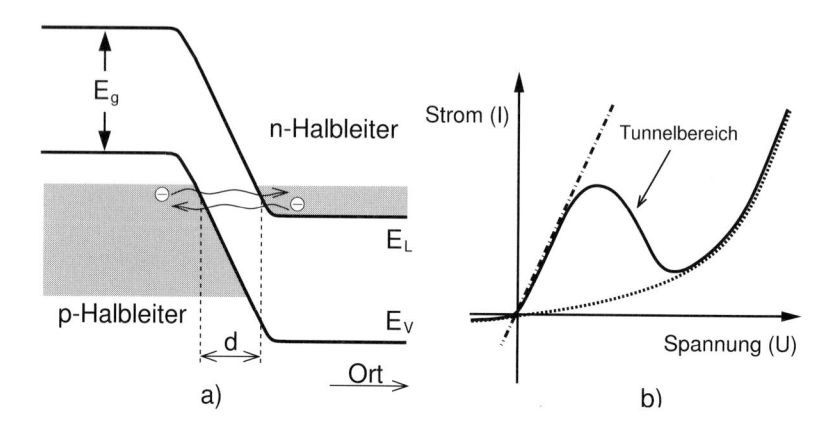

Abb. 5.12: a) Energiebänder–Schema und b) Strom–Spannungs–Kennlinie einer Tunneldiode (schwarze Linie) sowie einer normalen Diode (gepunktete Linie). Die Strich–Punkt–Linie zeigt das lineare Verhalten eines normalen elektrischen Widerstandes (*Ohmsches* Verhalten). Anders als bei einer normalen Diode taucht durch einen großen Dotierungssprung des Halbleiters bei der Tunneldiode im n–Halbleiter das Leitungsband unter die Valenzbandkante und die Elektronen können den Bandabstand E_g (entspricht einem Coulomb–Berg der Länge d) durchtunneln. Bei zu hoher Spannung wird der Tunnelprozess abgebrochen und der Strom verhält sich wie bei einer normalen Halbleiterdiode.

Aus der berühmten Schrödinger–Gleichung folgt für den Aufenthalt in einem Tunnelraum eine *imaginäre* Zeit. Was ist eine imaginäre Zeit? Quantenmechanische Berechnungen des Physikers Thomas Hartman deuteten schon 1962 auf eine rein imaginäre, nicht messbare, also nicht reell erfahrbare Zeit in einem Tunnel hin [18]. Allerdings hatte bisher niemand diese Berechnungen der Zeitlosigkeit konsequent interpretiert oder gar ernst genommen. Hat die quantentheoretische Vorhersage recht, sollte es Räume geben, die in einer imaginären, d.h. nicht messbaren Zeit von Elektronen, Photonen, Atomen oder gar Molekülen durcheilt werden können?

5.1 Der Tunnelprozess: Räume ohne Zeit

Empirische Erkenntnisse über die Größe der Tunnelzeit gab es bislang nicht. Die experimentelle Bestimmung der Tunnelzeit von Elektronen in Halbleiter– oder in Supraleiter–Strukturen scheiterte bis heute an sogenannten parasitären Zeitverlusten. In den Halbleitern und den Supraleiterbauteilen gibt es chemische Verunreinigungen und strukturelle Defekte, mit denen die Elektronen zeitraubend wechselwirken. Diese parasitären Zeitverluste bestimmen bzw. täuschen eine große Tunnelzeit vor. Die sogenannten Halbleiter–Tunnel–Dioden werden also schon lange in der Mikroelektronik eingesetzt, ohne dass man weiß, wie schnell die Elektronen durch den Berg tunneln, und damit, wie schnell das elektronische Mikrobauelement letztlich schalten oder schwingen kann. Vor kurzem gelang nun den zwei russischen Forschern Sekatskii und Letokhov mit einem Elektronenmikroskop eine Elektronen-Tunnelzeit abzuschätzen. Wir kommen noch ausführlicher auf dieses erste erfolgreiche Elektronen–Tunnelzeit–Experiment zurück.

Eine Möglichkeit, die oben beschriebenen experimentellen Schwierigkeiten in elektronischen Systemen zu umgehen, liefert die Mathematik. Es zeigt sich, dass die mathematische Beschreibung des Tunnelns z.B. von Elektronen oder α-Teilchen die gleiche ist, wie die des Tunnelns von Photonen, d.h. von Lichtteilchen bzw. Lichtwellen. (In der klassischen Physik wird das Tunneln von Licht als das Ausbreiten sogenannter *evaneszenter Moden* bezeichnet). Mathematisch formal gesehen sollten also die Messergebnisse der Tunnelzeiten von Photonen (d.h. von elektromagnetischen Wellen) auf die Tunnelzeiten von Elektronen und anderen Materieteilchen übertragbar sein.

Photonen können, wie schon erwähnt, sowohl als Lichtteilchen als auch als Lichtwellen bzw. allgemeiner als elektromagnetische Wellen beschrieben werden. Wärmestrahlung, Licht, Mikrowellen, Röntgenstrahlen oder Fernseh– und Radiowellen sind alles elektromagnetische Strahlen, die sich lediglich in ihrer Wellenlängen unterscheiden. Die Wellenlänge λ der ausgesendeten Lichtwellen bzw. ihrer Quanten den Photonen, ist dabei umgekehrt proportional zur Frequenz f und damit auch zu ihrer Energie $E = hf = hc/\lambda$. h ist das zuvor eingeführte, konstante Plancksche Wirkungsquantum und c die Vakuumlichtgeschwindigkeit.

Der Energiewert $E = hf$ ist die kleinste Energie eines Feldes bei der Frequenz f. Dieser Wert wird im elektromagnetischen Feld Photon genannt. Die Energie eines Feldes kommt also nur in Vielfachen dieses Wertes (Quants) vor.

Die elektromagnetische Strahlung ist dabei um so energiereicher, je höher ihre Frequenz und desto geringer ihre Wellenlänge ist. Es gilt für die Frequenz f und die Wellenlänge λ über die Lichtgeschwindigkeit c die eben schon verwendete, einfache Beziehung: $f = c/\lambda$ bzw. $\lambda = c/f$. In Abbildung 5.13 ist das Spektrum der elektromagnetischen Wellen dargestellt.

5.1 Der Tunnelprozess: Räume ohne Zeit

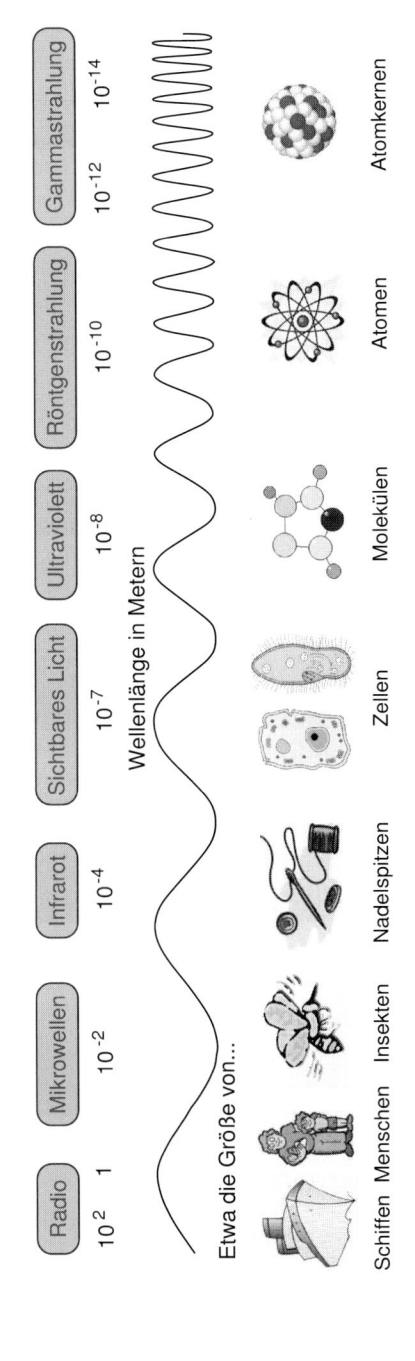

Abb. 5.13: Das Spektrum der elektromagnetischen Wellen. Zum Größenvergleich der Wellenlängen λ sind Objekte aus dem Alltagsleben sowie aus der Biologie und der Atomphysik angegeben. Die Frequenz f der Wellen berechnet sich aus der Beziehung $f = c/\lambda$, wobei die Lichtgeschwindigkeit $c = 300\,000\,000\,\text{m/s}$ beträgt. So entspricht der Wellenlänge von 30 m eine Frequenz von 10 MHz (KW–Frequenz) oder, anders formuliert, eine Anzahl von 10 000 000 Schwingungen pro Sekunde.

Bei noch relativ niedrigen Frequenzen strahlen Radiosender. Die Haushaltsspannung schwingt sogar bei nur 50 Hz. Radiowellen sind mehrere hundert Meter lang. Mikrowellen (oft auch Radarwellen genannt) haben dagegen Wellenlängen im Zentimeterbereich[2]. Nach der Infrarot–Strahlung im Bereich von einigen Mikrometern, die wir als Wärmestrahlung empfinden, folgt mit Wellenlängen zwischen 0,4 μm und 0,7 μm das für uns sichtbare Licht. Hier befindet sich das Strahlungsmaximum der Sonnenoberfläche entsprechend dem Wienschen Verschiebungsgesetz. Die Sonnenoberflächentemperatur beträgt rund 6 000 °C, offenbar hat sich das menschliche Auge diesem maximalen Stralungsbereich angepasst. Betrachtet man noch kleinere Wellenlängen bzw. höhere Frequenzen, gelangt man über die ultraviolette Strahlung zur Röntgenstrahlung und schließlich zur hochenergetischen Gammastrahlung, wie sie beim Zerfall von Atomkernen entsteht.

Zum Vergleich werden hier Wellenlängen von Elektronen angegeben. Die Wellenlänge eines Elektrons ist von seiner Bewegungsenergie abhängig und beträgt z.B. bei einer Beschleunigungsspannung von einem Volt nur etwa 0,001 μm. Hochenergetische Elektronen, wie sie in modernen Beschleunigern mit Beschleunigungsspannungen um 100 GV (=GigaVolt, 1 Giga = 1 000 000 000) vorkommen, haben Wellenlängen von weit weniger als 10^{-17} m. Mit *Licht* dieser Wellenlänge könnten folglich Strukturen im Bereich von 10^{-17} m betrachtet, d.h. *optisch* aufgelöst, werden. (Ein Gegenstand kann nur *gesehen* werden, wenn er größer als die Wellenlänge des *Lichtes* ist. Beim Elektronenmikroskop dient ein Elektronenstrahl als *Licht*.) Das positiv geladene Proton, Baustein des Atomkerns, hat einen Durchmesser von ca. 10^{-15} m, so dass mit solch hochenergetischen Elektronen die inneren Strukturen des Protons untersucht werden können.

---

[2]Unsere Haushaltsmikrowelle arbeitet bei einer Schwingungsfrequenz von 2,45 GHz. Dies entspricht einer Wellenlänge von etwa 12,2 Zentimetern. Satelliten–Fernsehübertragung findet bei 10 GHz mit der entsprechenden Wellenlänge von 3 Zentimetern statt.

Tunnelexperimente mit Photonen im Mikrowellenbereich haben gegenüber dem Elektronentunneln mehrere entscheidende Vorteile. Zum einen besitzen Lichtteilchen keine Masse. Sie haben sehr kleine Energiequanten und sind im Gegensatz zu Elektronen einfacher erzeugbar und nachweisbar. Zum anderen tragen sie keine Ladung, d.h. sie wechselwirken weder untereinander noch mit anderen elektromagnetischen Störstellen. Verwendet man nun zum Tunneln statt sichtbarem Licht Photonen im Frequenzbereich von Mikrowellen, haben diese außerdem eine relativ große, handliche Wellenlänge (Zentimeterbereich), eine Eigenschaft, die das Messen wesentlich erleichtert. Messungen von Distanzen sind im Zentimeterbereich präziser durchführbar als im Mikrometerbereich. Die notwendige hochempfindliche Messtechnik für solche Mikrowellenexperimente zur Zeitauflösung steht seit rund 10 Jahren zur Verfügung.

Es war also sehr verlockend, statt des Elektronentunnelns Analogieexperimente zur Tunnelzeitbestimmung mit Mikrowellen durchzuführen, deren Ergebnisse aufgrund der mathematischen Äquivalenz auf Elektronen, ja ganz allgemein auf alle physikalischen Teilchen übertragbar sind. Wie in der Einleitung schon erwähnt, machten italienische Physiker und Ingenieure im Jahr 1991 den (zunächst fehlerbehafteten) Start hierzu.

5.2 Photonische Tunnelstrukturen

Für Elektronen entstehen Berge durch Kernkräfte die beim radioaktiven Kernzerfall durchtunnelt werden. Abstoßende elektrische Coulomb–Kräfte bilden Berge bei der Kernfusion und noch weniger anschaulich bilden beim Halbleiter quantenmechanische Interferenzeffekte verbotene Energielücken, die es zu überwinden gilt. Wie sehen nun Tunnelberge für die Lichtteilchen aus? In Abbildung 5.14 sind drei unterschiedliche photonische Tunnelbarrieren dargestellt.

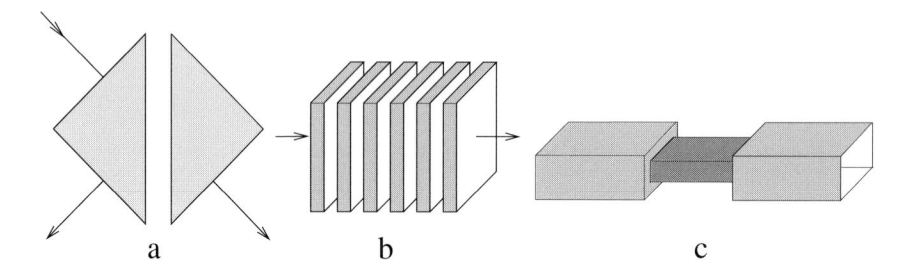

Abb. 5.14: Drei verschiedene Mikrowellentunnelbarrieren. a) ein Doppelprisma, b) eine Gitterstruktur und c) ein verengter Hohlleiter.

- ein Doppelprisma:
  Wir beginnen mit dem historisch wichtigsten optischen Tunnel. Hier wird zum Tunneln das Prinzip der *frustrierten* Totalreflexion eingestrahlter Wellen ausgenutzt. Bei dieser Anordnung tunnelt ein kleiner Teil des reflektierten Strahls durch den Luftspalt vom ersten in das zweite Prisma, obwohl der einfallende Strahl eigentlich an der Grenzfläche des ersten Prismas totalreflektiert, also vollständig reflektiert werden sollte. Daher stammt der Begriff *frustrierte Totalreflexion.* Entfernt man aber das zweite Prisma, wird der Strahl an der Grenzfläche des ersten Prismas vollständig gespiegelt, es kommt dann zur Totalreflexion ohne Frustration und ohne Tunneln.

- eine dielektrische periodische Viertel-Wellenlängen, meist $\lambda/4$-Gitterstruktur genannt:
  Eine solche Gitterstruktur besteht aus Schichten mit verschiedener optischer Dichte. So kann beispielsweise die Anordnung Luft–Glas–Luft–Glas–Luft–Glas– gewählt werden, wobei die Dicken der einzelnen Schichten einem Viertel der eingestrahlten Wellenlänge entsprechen müssen. Genau dann heben sich die durchlaufenden Wellen durch destruktive Über-

lagerung auf und die an den einzelnen Schichten reflektierten Wellen überlagern sich konstruktiv, sie summieren sich zur totalen Reflexion.

- ein verengter Wellen-Hohlleiter:
  Er schränkt die Ausbreitungsfähigkeit der Wellen aufgrund seiner Ausdehnung ein. Diese Hohlleiter werden häufig in der Mikrowellentechnik eingesetzt und sind mit rechteckigem Querschnitt geformt. Sobald die Wellenleiterabmessung in beiden Richtungen kleiner als die halbe Wellenlänge der zu übertragenden Welle wird, kann eine Welle nicht mehr existieren, sie kann diese Strecke nur noch tunnelnd überwinden. In diesem Fall sprechen die Ingenieure meist von evanszenten Moden anstelle von Tunneln und von der Abschneidefrequenz (cut-off), unterhalb derer eine Wellenausbreitung in dem Hohlleiter nicht mehr möglich ist.

Gemeinsam ist allen drei vorgestellten Strukturen, dass durch sie Frequenzfenster entstehen, in denen keine normale Wellenausbreitung mehr stattfinden kann. Die Strukturen stellen für elektromagnetische Wellen bestimmter Frequenzen, bzw. Wellenlängen, Berge dar, die nur durch den Tunneleffekt durchquert werden können. Im folgenden werden die Eigenschaften der einzelnen Tunnelbarrieren näher erläutert.

5.2.1 Das Doppelprisma

In der klassischen Optik wird das Tunneln schon seit mehr als dreihundert Jahren am Beispiel der Totalreflexion untersucht. Die Reflexion und die Brechung des Lichtes sind Phänomene, die im Alltagsleben oft zu beobachten sind. So kennt sicher jeder die verschiedenen Ausführungsformen von Spiegeln oder hat festgestellt, dass ein Löffel in einer Tasse oder ein Stock im See von oben betrachtet geknickt erscheint (Abb. 5.15).

Abb. 5.15: Brechung des Lichtes an einer Wasseroberfläche. Der Löffel in der Tasse scheint, von oben betrachtet, geknickt zu sein. *Foto: H.Kropf, HMI Berlin*

Totalreflexion tritt z.B. beim Blick durch Wasseroberflächen auf, wie in Abbildung 5.16 skizziert. Wenn wir unter Wasser nach oben in die Luft sehen, werden die Lichtstrahlen in der Luft stark abgelenkt. Ab einem Winkel α_k von 48,5° laufen die gebeugten Lichtstrahlen bereits nur noch längs der Wasseroberfläche. Bei noch größeren Winkeln werden die Strahlen ausschließlich ins Wasser reflektiert, es tritt Totalreflexion ein. Die dabei eintretende radiale Verzerrung ist als *Fischaugeneffekt* bekannt.

Die physikalische Beschreibung dieser optischen Brechungsphänomene liefert das Snelliussche Brechungsgesetz (siehe Skizze 5.17). Das Gesetz besagt, dass Licht, wenn es schräg auf die Grenzfläche zweier dielektrisch verschieden dichter Medien (z.B. Wasser und Luft) trifft, zu einem Teil unter dem gleichen Winkel reflektiert ($\alpha = \alpha'$) und zum anderen in das neue Medium hinein gebrochen wird. Die dielektrischen Eigenschaften eines Materials werden durch den Brechungsindex n beschrieben. Ist das neue Medium dichter (z.B. beim Übergang von Luft in Was-

5.2 Photonische Tunnelstrukturen

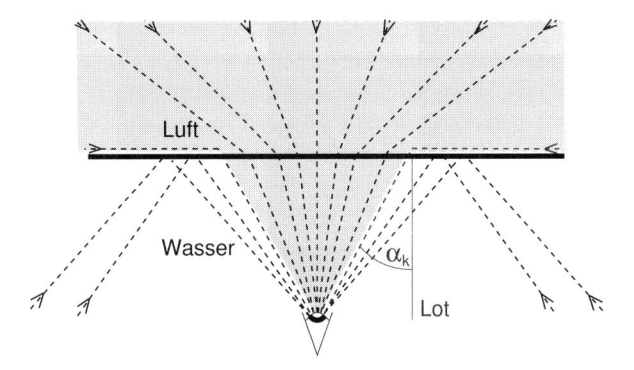

Abb. 5.16: Totalreflexion an einer Luft–Wasseroberfläche. Die Skizze zeigt die von einem im Wasser befindlichen Beobachter gesehenen Lichtstrahlen. α_k ist hier der kritische Winkel der Totalreflexion, oberhalb dessen die Strahlen nicht mehr aus dem Wasser austreten, bzw. aus der Luft eintreten können.

ser), bricht der Lichtstrahl unter einem kleineren Winkel (siehe Abb. 5.17). Trifft der Lichtstrahl aus dem dichten auf das dünne Medium (von Wasser in Luft, wie in Abbildung 5.16 dargestellt), bricht er zu größeren Winkeln. Man erkennt, dass dann ein sogenannter *Winkel der Totalreflexion* auftritt, oberhalb dessen der Lichtstrahl nach der geometrischen Optik nicht mehr in das zweite Medium eindringen kann, so dass er vollständig ins erste Medium zurückgeworfen wird. Das Snelliussche Brechungsgesetz lautet allgemein $n_1 \sin \alpha = n_2 \sin \beta$, wobei α und β die in Abbildung 5.17 gezeigten Winkel sind und n_1 sowie n_2 die Brechzahlen der Luft bzw. des Wassers angeben. Für das Beispiel Wasser–Luft betragen die entsprechenden Brechzahlen 1,33 und 1. Für den Winkel α' des reflektierten Strahls gilt $\alpha' = \alpha$.

Eine technische Anwendung findet die Totalreflexion z.B. bei der Leitung von Licht und Infrarot–Signalen über Glasfaserkabel. Das eingespeiste Licht wird an der inneren Oberfläche der Glasfaser totalreflektiert und so ohne nennenswerte Verluste durch

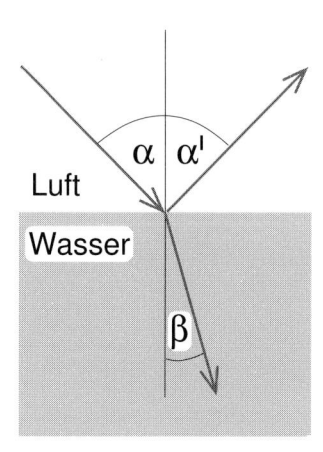

Abb. 5.17: Das Snelliussche Brechungsgesetz. Ein unter dem Winkel α auf eine Grenzfläche einfallender Lichtstrahl wird zum einen unter gleichem Winkel α' reflektiert, und zum anderen in das neue Medium unter verändertem Winkel β hinein gebrochen.

das Kabel transportiert (siehe Abb. 5.18). Aufgrund der Totalreflexion kann das Licht die Glasfaser nicht verlassen und sich somit nur entlang der Faser ausbreiten.

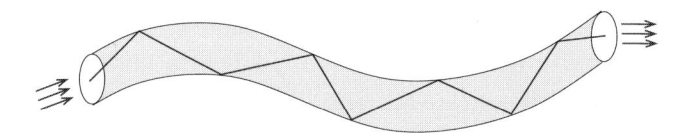

Abb. 5.18: Die Totalreflexion an der Oberfläche der Glasfaser verhindert den Lichtaustritt und ermöglicht dadurch einen nahezu verlustfreien Transport des Lichtes durch das nur wenige Mikrometer dicke Glasfaserkabel.

Bis hierhin haben wir alle optischen Phänomene mit der geometrischen Optik beschrieben. Um das Prinzip der Totalreflexion aber exakt zu erfassen, müssen wir zur Wellenoptik übergehen. In Wirklichkeit dringt der totalreflektierte Strahl nämlich etwas ins dünnere Medium ein, bevor er reflektiert wird. Interessant daran, und schon von Newton vorausgesagt, ist die Tatsache, dass der totalreflektierte Strahl dabei gegenüber dem einlaufenden versetzt wird. Er wird nicht an der Stelle reflektiert, wo er auftrifft, sondern um etwa eine Wellenlänge verschoben [19]. Für Lichtteilchen im sichtbaren Bereich ist dieser Versatz aufgrund der winzigen Wellenlängen ($\approx 0,5\,\mu m$) so gering, dass er mit bloßem Auge nicht beobachtbar ist. Bei Mikrowellenstrahlung allerdings beträgt die Wellenlänge einige Zentimeter, so dass hier der Versatz des Strahls um rund eine Wellenlänge deutlich sichtbar ist. Erstmals experimentell nachgewiesen wurde diese Strahlversetzung 1947 von den beiden Physikern Fritz Goos und Hilda Hänchen; sie wird seitdem nach ihnen *Goos–Hänchen–Verschiebung* genannt [20]. Gemessen haben Goos und Hänchen

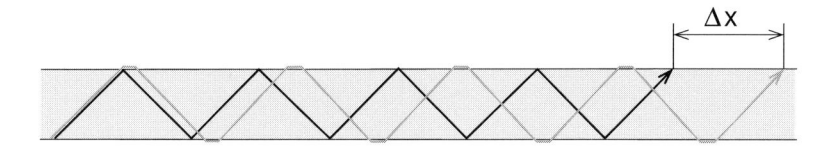

Abb. 5.19: Goos–Hänchen–Verschiebung eines Lichtstrahls in einer Glasplatte. Der schwarz eingezeichnete Strahl folgt der geometrischen Optik, der graue Strahl folgt der Wellenoptik und erfährt an jeder Reflexionsstelle eine Verschiebung, oder, wie schon Newton sagte, der Strahl kehrt erst außerhalb des dichten Mediums um. Δx entspricht dem aufsummierten Versatz durch die Goos–Hänchen–Verschiebung.

die Strahlversetzung bei Totalreflexion an einer Glasplatte mit sichtbarem Licht (Abb. 5.19). Um die Versetzung trotz der winzigen Wellenlängen sichtbar zu machen, haben sich die beiden eines geschickten Tricks bedient. Sie ließen den Lichtstrahl sehr oft an der Platte reflektieren, so dass sich die einzelnen Verschiebungen zu einem großen Versatz addierten, der gut zu beobachten war.

Ein Experiment, bei dem die Totalreflexion und der dabei auftretende Versatz zur Bildung eines Tunnels genutzt wird, ist das in Abbildung 5.20 dargestellte Doppelprismen–Experiment [19, 21].

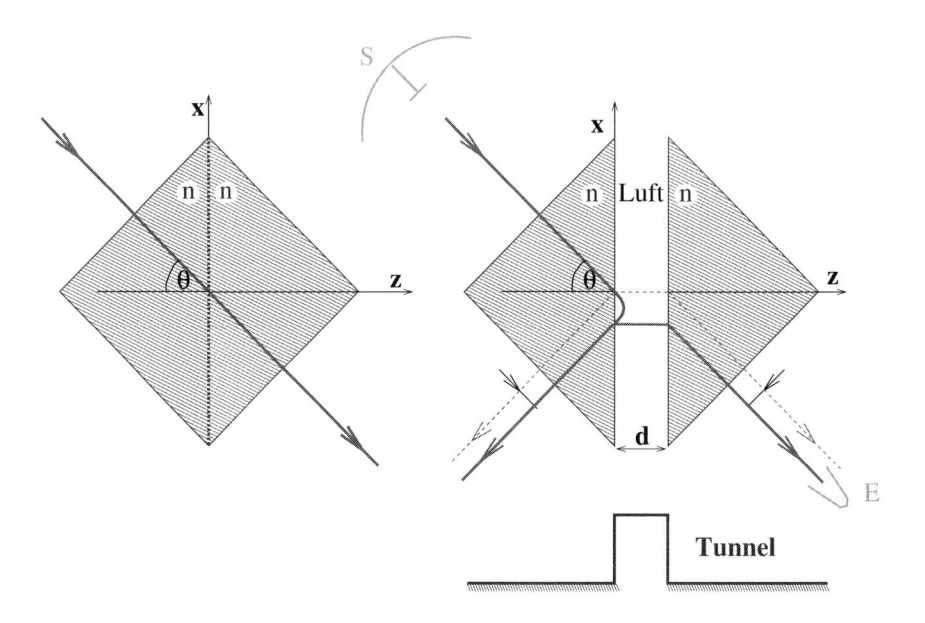

Abb. 5.20: Totalreflexion am Doppelprisma. Links: Der Lichtstrahl durchdringt das geschlossene Prisma ungebrochen. Rechts: Der Luftspalt zwischen den Prismen stellt im Fall der Totalreflexion eine Tunnelbarriere für den Lichtstrahl dar.

Ein senkrecht einfallender Licht– oder Mikrowellenstrahl durchquert das zu einem Würfel geschlossene Doppelprisma ungebrochen. Öffnet man nun aber das Doppelprisma, verhält sich der Luftspalt zwischen den beiden Prismen aufgrund der Totalreflexion an der Oberfläche des ersten Prismas wie eine Barriere für elektromagnetische Strahlen. Der Strahl trifft an der Grenzfläche des ersten Prismas unter einem Winkel größer als dem der Totalreflexion auf ein Medium mit einem niedrigeren Brechungsindex. Nach der geometrischen Optik erwartet man also eine Totalreflexion des einfallenden Strahls (im Bild als gestrichelte Linie dargestellt). In der Realität aber dringt der Strahl, wie eben schon erwähnt, ins zweite Medium (Luft) ein und wandert ein kurzes Stück entlang der Oberfläche, bevor er reflektiert wird (im Bild mit der durchgezogenen Linie dargestellt). Dabei bildet sich eine auf der Prismenoberfläche entlanglaufende, sogenannte Oberflächenwelle aus. Die Wellenzahl k, die diese

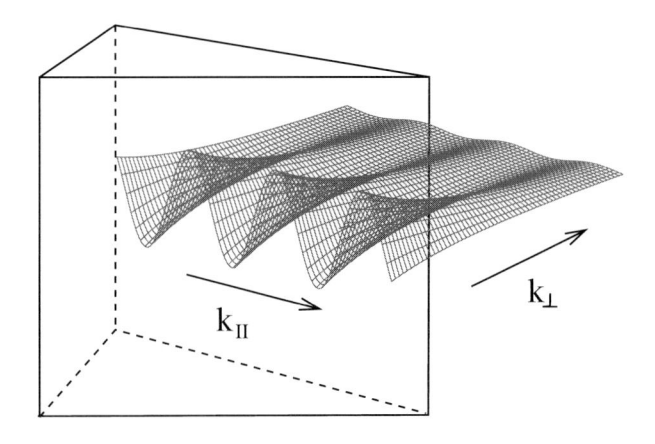

Abb. 5.21: Oberflächenwelle bei der Totalreflexion am Doppel–Prisma. $k_\parallel$ zeigt die Ausbreitung der Oberflächenwelle entlang der Prismenoberfläche, $k_\perp$ die Ausbreitung der evaneszenten (tunnelnden) Mode.

Oberflächenwelle im Luftspalt mathematisch beschreibt, zerfällt in zwei Anteile, einen reellen Anteil $k_\parallel$ für die Ausbreitung entlang der Prismenoberfläche und einen imaginären Anteil $k_\perp$, der eine instantane Ausbreitung senkrecht zur Oberfläche und deren rasches Abklingen beschreibt. Die Intensität der Oberflächenwelle nimmt dabei, wie in Abbildung 5.21 dargestellt, exponentiell mit dem Abstand zur Oberfläche des Prismas ab, d.h. mit jeder Verdoppelung des Abstandes halbiert sich logarithmisch die jeweils noch vorhandene Feldstärke.

Dieses mit der Entfernung rasch abnehmende Feld wird deshalb auch *evaneszente* (hinschwindende) Mode genannt. Es kann durch das zweite Prisma aufgefangen und dann gemessen werden. Dadurch wird die Totalreflexion *frustriert*, d.h., die einfallende Welle wird nicht mehr vollständig reflektiert, denn ein kleiner Anteil gelangt durch den Tunnel (den Luftspalt) ins zweite Prisma. Die evaneszenten Moden beim optischen Tunneln am Prisma entsprechen somit den tunnelnden Teilchen der Quantenmechanik. Die Skizze in der Abbildung 5.20 rechts unten deutet den Tunnelberg an.

Die evaneszenten Moden, wie sie unter anderem hier bei der Totalreflexion auftreten, sind imaginäre mathematische Lösungen des Brechungsgesetzes. Sie wurden sehr lange als unphysikalisch verworfen. Der Grund dafür war, dass diese Lösungen Felder beschreiben, die sich momentan, ohne Zeitverlust (d.h. instantan), ausbreiten.

Das rasche (exponentielle) Abklingen mit dem Weg wurde schon um 1897 von dem indischen Botaniker Jagadis Chandra Bose (1858–1937)[3] mit Hochfrequenzwellen nachgewiesen. Die zeitliche Messung war ihm damals nicht möglich, das Zeitverhalten war auch theoretisch noch nicht betrachtet worden. Die Abbildungen 5.22 und 5.23 zeigen J. C. Bose in seinem Labor sowie seinen Versuchsaufbau.

Um die Messung der Zeitabhängigkeit hatte sich bis vor zehn Jahren kein Physiker mit Erfolg bemüht, obwohl es ja eine sehr aufregende Fragestellung war, die von der Quantenmechanik vorausgesagte Zeitlosigkeit der Ausbreitung evaneszenter (tunnelnder) Felder zu prüfen.

Jüngste Untersuchungen mit Mikrowellen am Doppelprisma ergaben neue experimentelle und theoretische Erkenntnisse zu diesem sehr alten und komplizierten Problem der Totalreflexion

---

[3] J. C. Bose ist nicht zu verwechseln mit Salyendra Bose (1894–1974), der mit Einstein zusammen die erst 1995 nachgewiesene Bose–Einstein Kondensation vorausgesagt hatte.

5.2 Photonische Tunnelstrukturen

Abb. 5.22: Jagadis Chandra Bose am Königlichen Institut in London, 1897 [22]. *Foto: IEEE, D. Emersion*

mit seinen Tunneleigenschaften [19]. Diese Ergebnisse sind von großer Bedeutung für zahlreiche Anwendungen. Die frustrierte Totalreflexion stellt heute eine wertvolle Hilfe z.B. bei der Bestimmung von Molekülgrößen in der Chemie, bei Messungen mit dem Tunnelmikroskop, in der Medizin beim Nachweis bestimmter biologisch relevanter Moleküle oder in der Optoelektronik bei der teilweisen Signalübertragung von einer Glasfaserleitung in eine zweite dar. All diese Anwendungen basieren darauf, dass die Intensität der reflektierten Strahlung bei frustrierter Totalreflexion sehr empfindlich auf die optischen Eigenschaften der untersuchten Materialien an der reflektierenden Grenzfläche reagiert. So kann mit dieser Messmethode z.B. der Brechungsindex der an der reflektierenden Grenzfläche angelagerten Materialien bis zu einer relativen Genauigkeit von 10^{-6} aufgelöst werden.

Abb. 5.23: Der komplette Versuchsaufbau aus dem Labor von J. C. Bose, mit dem er das exponentielle Abklingen evaneszenter Moden untersuchte. Links erkennt man die Sendeantenne, rechts die Empfangsantenne. In der Mitte befindet sich ein drehbarer Tisch mit dem Doppelprisma. Die Experimente wurden im Hochfrequenzbereich durchgeführt [22]. *Foto: IEEE, D. Emersion*

5.2.2 Das Viertel-Wellenlängen- oder $\lambda/4$-Gitter

Eine andere Möglichkeit der Konstruktion eines Tunnels für Mikrowellen und ganz allgemein für Photonen beliebiger Frequenz ist die $\lambda/4$–Gitterstruktur. Die Wirkungsweise dieser Struktur beruht, wie schon erwähnt, auf der auslöschenden Überlagerung, d.h. der destruktiven Interferenz von Wellen.

Diese lässt sich folgendermaßen erklären: Treffen an einem Ort mehrere Wellen derselben Frequenz aufeinander, so überlagern sich diese. Dabei entsteht eine Welle, deren Auslenkung sich aus den Auslenkungen der einzelnen Wellen additiv zusammensetzt. Diese sogenannte lineare Superposition wird als *Interferenz* bezeichnet. Bei der Addition der Wellen ist nun ihre gegenseitige Verschiebung, d.h. der *Gangunterschied*, wichtig. Die dabei auftretenden zwei Extremfälle, zum einen die konstruktive Interferenz, zum anderen die destruktive Interferenz, sind in Abbildung 5.24 skizziert.

5.2 Photonische Tunnelstrukturen

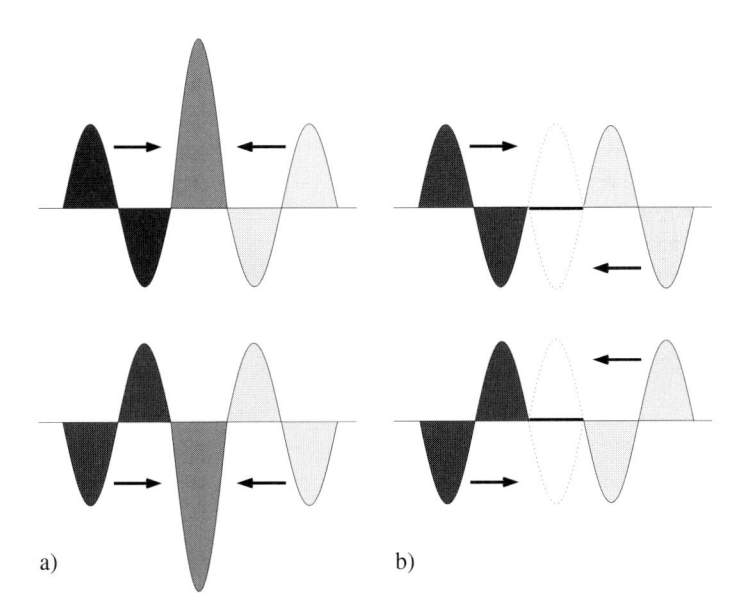

Abb. 5.24: Überlagerung (Interferenz) zweier Wellenzüge gleicher Frequenz, hier hellgrau und dunkelgrau gekennzeichnet. a) konstruktive Interferenz: Am Treffpunkt der Wellen wirken gleich große Kräfte in die gleiche Richtung auf die Lichtteilchen ein. Dadurch verstärkt sich die Amplitude maximal. b) destruktive Interferenz: Am Treffpunkt wirken gleich große Kräfte in entgegengesetzte Richtungen auf die Lichtteilchen ein. Beide Wellenzüge löschen sich nun dadurch gegenseitig aus.

Treffen zwei Wellenzüge gleichphasig aufeinander, ergibt sich eine maximale Verstärkung am Treffpunkt, d.h. konstruktive Interferenz, ihre Felder addieren sich. Gleichphasig bedeutet hierbei, dass die Wellen zur selben Zeit die gleiche Auslenkungsrichtung besitzen. Bei gegenphasiger Überlagerung treffen die Wellenzüge gerade so aufeinander, dass sie sich gegenseitig auslöschen, es entsteht eine maximale Abschwächung oder destruktive Interferenz. Meist liegen die resultierenden Wellen zwischen diesen zwei Extremfällen. Wellen können sich also je nach Gangunterschied örtlich verstärken, abschwächen und sogar auslöschen.

Interferenzen vernichten oder erzeugen dabei keine Energie, sondern verteilen sie auf verschiedene Stellen im Raum. Es kommt nur zur örtlichen Verringerung oder Erhöhung der Intensität. Als Beispiel für interferierende Wellen ist in Abbildung 5.25 die Überlagerung zweier Wasserwellen dargestellt.

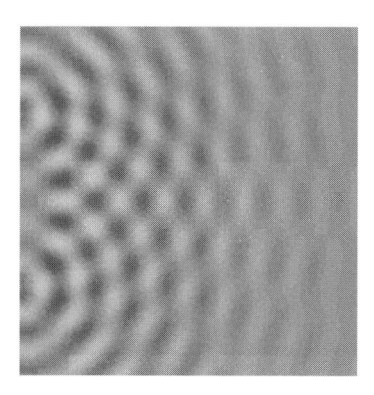

Abb. 5.25: Zwei interferierende kreisförmige Wasserwellen. Die dunklen Flächen sind Wellentäler, die hellen Flächen Wellenberge. Durch die Überlagerung vergrößert sich die Gesamtauslenkung (Berg und Tal) gegenüber der Auslenkung einer einzelnen Welle.

Eben diese völlige Auslöschung durch destruktive Interferenz entspricht dem *Tunnelberg* bei einem $\lambda/4$–Gitter. Für ein solches Gitter werden nämlich die Gitterabstände gerade so gewählt, dass es Photonen einer bestimmten Wellenlänge λ nicht mehr hindurch lässt, es sei denn durch *Tunneln*. Die Abstände müssen dafür gerade dem Viertel einer Wellenlänge ($\lambda/4$) der eingestrahlten Photonen entsprechen.

Das Gitter wird z.B. aus Glasscheiben aufgebaut, deren einzelne Scheiben im Abstand einer viertel Wellenlänge stehen. Jede einzelne Scheibe ist durchsichtig. Die nun einfallende Strahlung wird an jeder Scheibe ein wenig reflektiert. Der reflektierte Strahl erleidet dabei einen Gangunterschied, so dass er mit der einfallenden Strahlung eine destruktive Interferenz bewirkt. Dieser

5.2 Photonische Tunnelstrukturen

Vorgang wiederholt sich an jeder einzelnen Scheibe, so dass am Ende des Gitters keine Strahlung mehr austreten dürfte, weil sich die Wellen in Transmission vollständig ausgelöscht haben, und der einfallende Strahl vollständig reflektiert wurde. Würde man ein solches Schichtgitter für sichtbares Licht herstellen, könnte man vorn auf das Gitter strahlen, am Ende des Gitters würde jedoch kein Licht austreten, es bliebe dunkel: das Gitter stellt also einen perfekten Spiegel dar.

In Wirklichkeit durchdringt (durchtunnelt) aber dennoch ein sehr kleiner Teil der Photonen dieser *verbotenen Wellenlänge* die Barriere und gelangt auf die andere Seite des Gitters (siehe Abbildung 5.26). Dieser Anteil nimmt mit zunehmender Anzahl der Gitterscheiben exponentiell ab. Die Analogie zum quantenmechanischen Tunneln ist, dass umso weniger Teilchen durch einen Tunnelberg gelangen, je höher er ist, d.h. hier beim Gitter, je mehr Gitterscheiben hintereinander angeordnet sind.

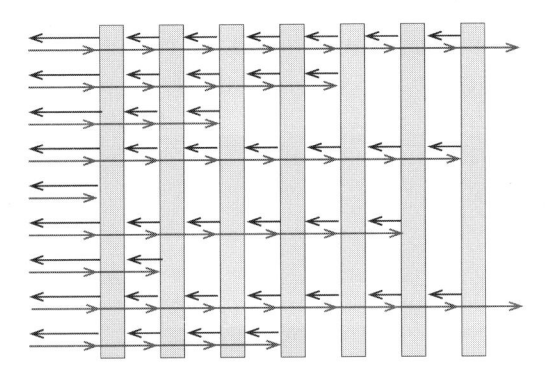

Abb. 5.26: Skizze eines $\lambda/4$-Gitters mit einigen der möglichen Pfade, die die einfallende und reflektierende Strahlung zurücklegen kann. Die einfallende Strahlung interferiert dabei destruktiv. Nur wenige Photonen können die Barriere durchtunneln. Dies gilt gleichermaßen für elektromagnetische Wellen (Photonen) als auch z. B. für elektronische Wellenpakete (Elektronen). Die Gitterperiodizität beträgt $\lambda/2$, also eine *graue* und eine *weiße* $\lambda/4$–Schicht.

Die zuvor erwähnten Halbleiter und das elektronische Bauelement Tunneldiode funktionieren aufgrund ihres periodischen Aufbaus der Atomrümpfe genau nach dem hier beschriebenen Prinzip des $\lambda/4$–Gitters und bilden verbotene Energiebänder. Beim Halbleiter interferieren die Elektronenwellen wegen ihrer Reflexion an den im $2\times\lambda/4$–Abstand angeordneten Atomen, die das Halbleiterkristallgitter bilden.

5.2.3 Der unterdimensionierte Hohlleiter

Im Hochfrequenzbereich werden zum Transport großer Energien meist Hohlleiter eingesetzt. In diesen Hohlleitern breiten sich die hochfrequenten elektromagnetischen Wellen mit sehr geringer Dämpfung im Vergleich zu anderen Leitungen wie beispielsweise koaxialen Kabel aus.

Auf koaxialen Leitungen (z.B. Antennenkabeln) treten bei der Übertragung von Signalen im Frequenzbereich über 1000 MHz (1 MHz = 1 000 000 Hz) große Dämpfungen auf, die mit steigenden Übertragungsfrequenzen weiter stark zunehmen. Außerdem nimmt die elektrische Überschlagsfestigkeit aufgrund des zu geringen räumlichen Abstandes zwischen Innen– und Außenleiter der Kabel ab. Dies kann bei hohen zu übertragenden Leistungen zu Durchschlägen führen.

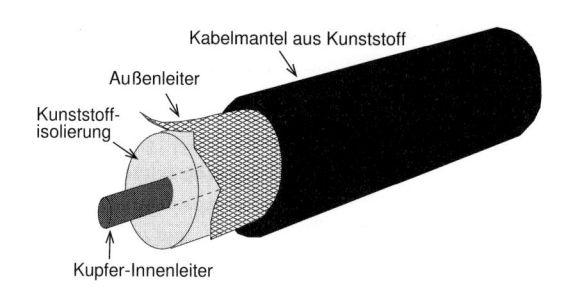

Abb. 5.27: Skizze eines Koaxialkabels bestehend aus Innen– und Außenleiter, einer Kunststoffisolierung und dem Kabelmantel.

5.2 Photonische Tunnelstrukturen

Ursache dieser schlechten Eigenschaften von Kabeln ist das Isolatormaterial, das den Innenleiter (Seele) vom Außenleiter trennt. Alle Isolatormaterialien, ob Kunststoffe oder Keramiken, absorbieren mit wachsender Frequenz stärker die elektromagnetischen Wellen.

Um diese Nachteile zu vermeiden, werden z.B. in Radar-Anlagen oder beim Mikrowellenofen zur Übertragung leistungsstarker Hochfrequenzsignale Hohlleiter eingesetzt. Hohlleiter sind metallische Hohlkörper mit rundem, elliptischem oder rechteckigem Querschnitt, die mit Luft oder zur Erreichung einer höheren Überschlagsfestigkeit mit Stickstoff gefüllt sind. Abbildung 5.28 zeigt einen Rechteckhohlleiter, wie er in der Technik bevorzugt eingesetzt wird.

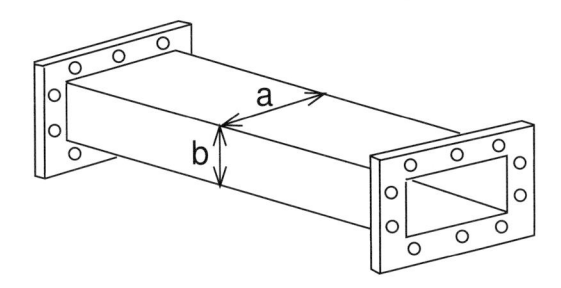

Abb. 5.28: Skizze eines Hohlleiters mit Anschlussflanschen mit rechteckigem Querschnitt.

Eine Welle kann sich in einem Hohlleiter allerdings erst dann ausbreiten, wenn die Querabmessungen, insbesondere die der größten Seite (hier die Breite a des Hohlleiters), mindestens halb so groß sind, wie die Wellenlänge der Strahlung. Wird die Wellenlänge größer als die halbe Breite des Hohlleiters, findet keine Wellenausbreitung mehr statt. Die Welle kann dann durch den zu engen Hohlleiter nur noch *tunneln*.

Um eine Tunnelbarriere zu konstruieren, koppelt man nun drei Hohlleiterstücke verschiedener Querschnitte, wie in Abbildung 5.29 dargestellt, aneinander, und erhält damit im ersten und letzten Stück eine andere (höhere) Grenzwellenlänge als im mittleren Stück. Die Grenzwellenlänge trennt den Wellenausbreitungsbereich vom Tunnelbereich eines Hohlleiters.

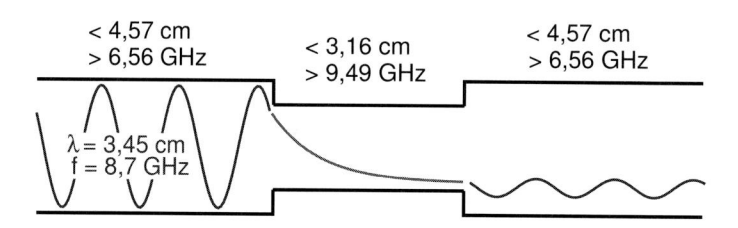

Abb. 5.29: Rechteckhohlleiter mit verjüngtem Querschnitt. Außen befinden sich Hohlleiterstücke mit größerem Querschnitt, die in der Mitte durch ein Hohlleiterstück geringeren Querschnitts unterbrochen werden. Die in der Zeichnung angegebenen Grenzwellenlängen und Grenzfrequenzen beziehen sich auf die Standardhohlleiterbänder X und Ku.

Man speist nun in das erste Hohlleiterstück ein Signal ein, dessen Wellenlänge zwischen den beiden Grenzwellenlängen der zwei verschiedenen Hohlleiterquerschnitte liegt. In der Skizze wird eine Welle der Wellenlänge 3,45 cm als Signal benutzt. Diese Wellenlänge ist also größer als die Grenzwellenlänge von 3,16 cm im mittleren kleinen Hohlleiterabschnitt. Im ersten Abschnitt kann sich die Welle normal ausbreiten. Trifft sie aber auf das Mittelstück, ist ihre Wellenlänge zu groß für eine weitere Ausbreitung. Der größte Teil der Welle wird reflektiert, ein geringer Anteil kann durch das für die Ausbreitung eigentlich *verbotene* Stück als *evaneszente* Mode hindurchtunneln. Am Ende des *verbotenen Abschnitts* befindet sich wieder ein Hohlleiterstück mit einem Querschnitt, der normale Wellenausbreitung erlaubt. Damit stellt der verengte Hohlleiterabschnitt eine einfache Tunnelstrecke dar. Interessant ist, dass das tunnelnde Feld oder Teilchen im Tunnelbereich selbst nicht messbar ist, es kann ausschließlich außerhalb des Tunnels im Gebiet normaler Wellenausbreitung nachgewiesen werden. Diese Eigenschaft der Nichtmessbarkeit im Tunnel tritt analog beim quantenmechanischen Tunneln auf und weist darauf hin, dass die scheinbar klassischen evaneszenten Moden nicht vollständig durch die klassischen Maxwell–Gleichungen beschrieben werden können, auch wenn sie eine mathematische Lösung derselben sind. Sich instantan ausbreitende, nichtlokale Felder können mit der klassischen Maxwell–Theorie nicht beschrieben werden [23]. Nichtlokal heißt hier, dass das evaneszente Feld zur selben Zeit über die gesamte Tunnelstrecke verteilt ist.

5.3 Tunnelgeschwindigkeit

Verschiedene Tunnelexperimente mit Photonen führten zu deutlich höheren Geschwindigkeiten, als die des Lichtes im freien Raum. Die ersten Experimente mit superluminaler Tunnelgeschwindigkeit wurden 1992 an der Universität zu Köln mit Mikrowellen durchgeführt [4]. Spätere Untersuchungen mit einzelnen Photonen im sichtbaren Lichtbereich (Universität Berkeley) und mit kurzen Lichtimpulsen (Technische Universität Wien) bestätigten das superluminale Tunneln von elektromagnetischen Wellen. Inzwischen liegen international weitere superluminale Daten sowohl im Mikrowellenbereich als auch im Infrarotbereich aus verschiedenen Laboratorien vor. Es werden bereits erste Anwendungen einer superluminalen Signalausbreitung in der Optoelektronik getestet [24].

Bereits 1994 führten Horst Aichmann und Günter Nimtz im Laboratorium von Hewlett–Packard dazu ein Experiment mit Mikrowellen durch, indem sie Mozarts 40. Sinfonie in g-moll auf einen Mikrowellenträger mittels Frequenzmodulation aufprägten und mit 4,7–facher Lichtgeschwindigkeit durch einen Hohlleiter tunnelten [25].

Gegenüber der entsprechenden Vakuumwegstrecke betrug der Zeitgewinn über die kurze Tunnelstrecke von 114,2 mm 300 ps (eine Pikosekunde entspricht 10^{-12} Sekunden). Das Signal war messbar mit Überlichtgeschwindigkeit empfangen worden. Dieses Experiment war durch eine Behauptung der beiden Physiker Martin und Landauer provoziert worden. Sie schrieben, dass es zwar sehr wohl überlichtschnelle Geschwindigkeiten geben könne, diese aber keine Information tragen würden [26].

Nimtz führte bei einem Luncheon Seminar am MIT in Boston das getunnelte Musikstück vor. Professor Francis Low, der das Seminar veranstaltete, lief ein paar Minuten stumm auf und ab, dann war sein einziger Kommentar: *„That is not g-minor!"*. Das zu rasch laufende Bandgerät hatte eine andere Tonart produziert, was Professor Low aufgrund seines absoluten Gehörs sofort erkannte. Ansonsten waren er und die anderen Gäste für etliche Sekunden sprachlos, sie hatten superluminal übertragene Musik, also *Signale* gehört, und wollten es eigentlich nicht wahr haben. Fast alle meinten eine superluminale Signalgeschwindigkeit würde zur Verletzung der Kausalität führen.

Eine superluminale Übertragung von Signalen verursacht aber keine Verletzung der Allgemeinen Kausalität, jedoch der Tunnelprozess mit seiner nichtlokalen Eigenschaft, d.h. seinem zeitlosen Raum, folgt nicht der Speziellen Relativitätstheorie. Dieses Problem wird in Kapitel 5.4 weiter erörtert.

5.3.1 Bestimmung der Tunnelzeit am Doppelprisma

Abbildung 5.30 zeigt das zuvor schon besprochene Plexiglas–Doppelprisma, das aus einem diagonal geschnittenen Würfel der Kantenlänge 40 cm×40 cm ×40 cm entstand. Es wird mit Mikrowellenimpulsen (ähnlich der Abbildung 4.6) der Trägerfrequenz $f = 9,15$ GHz und der Impulshalbwertsbreite von etwa 8 ns bestrahlt (1 ns = 1 Nanosekunde = 0,000 000 000 1 s). Der Brechungsindex des Materials beträgt $n = 1,6$, woraus sich mit Hilfe

5.3 Tunnelgeschwindigkeit

des in Abschnitt 5.2.1 eingeführten Snelliusschen Brechungsgesetzes der Winkel der Totalreflexion zu $\theta_t = 38,5°$ berechnet.

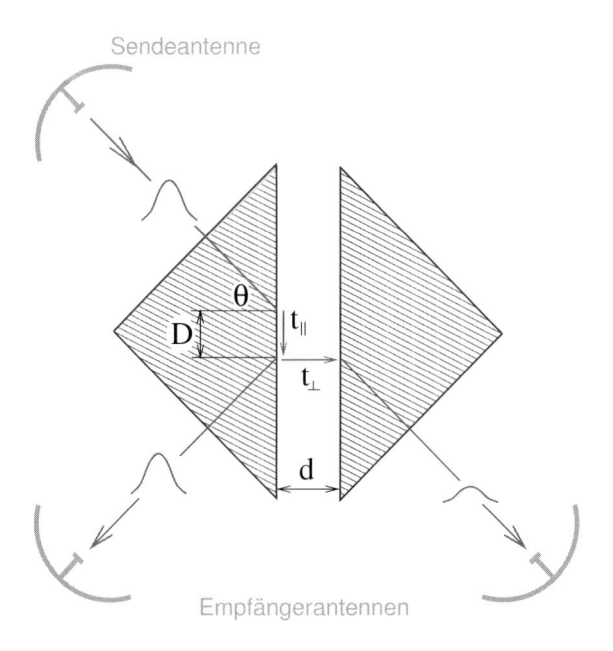

Abb. 5.30: Messaufbau mit symmetrischem Strahlengang zur Bestimmung der Tunnelgeschwindigkeit im Luftspalt des Doppelprismas. $t_\parallel$ und $t_\perp$ sind die Laufzeiten längs und senkrecht zur Oberfläche der Prismen.

Der Strahleinfallswinkel beträgt $\theta_i = 45°$. Er liegt mit $6,5°$ deutlich oberhalb des kritischen Winkels der Totalreflexion. Der größte Teil der einfallenden Strahlung wird reflektiert, ein geringer Teil *frustriert* die Reflexion und tunnelt über den Luftspalt aus dem ersten ins zweite Prisma.

Die Laufzeit des reflektierten sowie des transmittierten Signals wird gemessen. Vergleicht man die Laufzeiten des Signals für beide Strecken, stellt man überraschend fest, dass sie identisch sind, und zwar unabhängig davon, wie breit der Spalt d

war. Da sich bei dem symmetrischen Strahlverlauf die Reflexionsstrecke von der Transmissionsstrecke aber um die Strecke d unterscheidet, muss diese Strecke ohne Zeit ($t_\perp = 0$) überquert worden sein (siehe Abbildung 5.30). Dieses einfache aber schlüssige Experiment wurde kürzlich von der Autorin Haibel und Mitarbeitern durchgeführt [19].

Die Zeit der Ausbreitung der Oberflächenwelle $t_\parallel$ (siehe Abschnitt 5.2.1) entlang des ersten Prismas wird mit Hilfe eines kleinen Tricks bestimmt. Zum einen misst man die Laufzeit des am Luftspalt reflektierten Signals. Zum anderen stellt man im Spalt direkt an die Oberfläche des ersten Prismas einen Spiegel, der die einfallende Strahlung ohne Umweg und ohne Frustration zurückwirft und misst die Laufzeit des gespiegelten Signals. Aus der Laufzeitdifferenz lässt sich (nach der Korrektur der verschieden langen Strahlwege durch das Prisma) die Ausbreitungszeit der Oberflächenwelle $t_\parallel$ bestimmen. Sie beträgt in dem hier beschriebenen Experiment etwa 100 ps (= 10^{-10} s). Die gesamte Tunnelzeit setzt sich damit aus den Komponenten $\tau = t_\parallel + t_\perp$ zusammen und beträgt 100 ps, wobei offenbar $t_\perp = 0$ gilt. Für die Spaltüberquerung wird keine Zeit benötigt!

Stellt man den Luftspalt zwischen beiden Prismen z.B. auf eine Breite von 5 cm ein, so würde ein lichtschnelles Signal die Strecke $D + d$ in einer Zeit von $t_{\text{Licht}} = t_\parallel + t_\perp = 100\,\text{ps} + 165\,\text{ps} = 265\,\text{ps}$ durchqueren. Das getunnelte impulsförmige Signal erreicht 165 ps eher das Tunnelende, da im Tunnel $t_\perp = 0$ gilt. Dies entspricht über die Strecke $D + d$ einer 2,65 mal höheren Ausbreitungsgeschwindigkeit als der der Lichtgeschwindigkeit c. Dieses hier vorgestellte Experiment am Doppelspalt mit symmetrischem Strahlengang zeigt auf einfache aber eindeutige Weise, dass superluminale Signalgeschwindigkeiten beim Tunneln möglich sind.

5.3.2 Bestimmung der Tunnelzeit am $\lambda/4$-Gitter

In Abbildung 5.31 wird eine Messanordnung zur Bestimmung der Tunnelzeit an einem $\lambda/4$–Gitter gezeigt. Das photonische

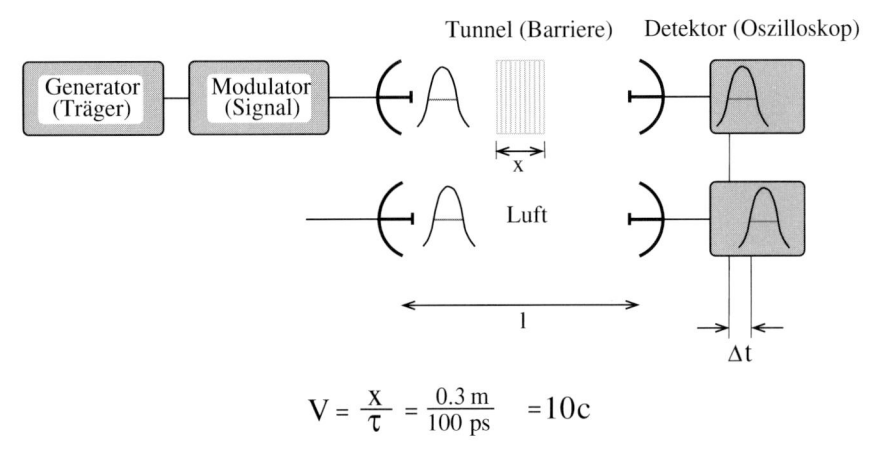

$$V = \frac{x}{\tau} = \frac{0{,}3\,\text{m}}{100\,\text{ps}} = 10c$$

Abb. 5.31: Messaufbau zur Bestimmung der Tunnelgeschwindigkeit. Es wird die Laufzeit eines digitalen Signals (Impulses) durch den Tunnel mit der durch die Luft verglichen. x, τ, v und c stehen für Tunnelstrecke, Tunnelzeit, Tunnelgeschwindigkeit und Vakuum–Lichtgeschwindigkeit.

Gitter, eine periodische dielektrische Heterostruktur, besteht im hier vorgestellten Experiment aus Plexiglasplatten, die durch Luftspalte getrennt sind. Für die Mikrowellenfrequenz 9,15 GHz entspricht sowohl die Dicke der Platten (0,5 cm × 1,6 Brechungsindex) als auch der Abstand zwischen ihnen (0,85 cm) genau dem Viertel der Wellenlänge ($\lambda=3{,}3$ cm) des zu tunnelnden Signals.

Aufgrund der so gewählten Abstände interferieren die transmittierten Mikrowellensignale destruktiv, mit anderen Worten, die Welle löscht sich in Vorwärtsrichtung aus, sie wird zurückgeworfen. Das Gitter wirkt wie ein Spiegel. Dieses destruktive Interferieren der vorwärtsschreitenden Welle führt zu einem exponentiellen Abklingen bzw. zu einer imaginären Wellenzahl, das Gitter bildet nun einen Tunnel (siehe auch Abschnitt 5.2.2).

Mit dem in Abbildung 5.31 skizzierten Aufbau wird zum einen die Laufzeit eines Signals über eine Luftstrecke und zum anderen die Laufzeit eines Signals über die gleiche Strecke, in der sich nun aber die Tunnelbarriere befindet, gemessen. Der Tunnel hat in diesem Experiment eine Gesamtlänge von 30 cm. Ein Mikrowellengenerator erzeugt die Trägerfrequenz, der Modulator formt daraus einzelne Signalimpulse mit einer Halbwertsbreite von ca. 8 ns (siehe Abbildung 5.32). Die Signale werden von Para-

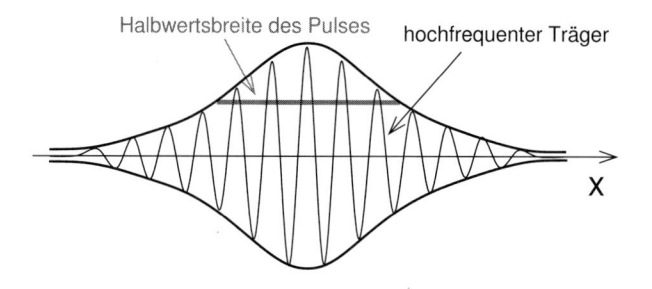

Abb. 5.32: Skizze eines Mikrowellensignals mit eingezeichneter Trägerfrequenz und Halbwertsbreite. Das impulsförmige Signal ist auch stellvertretend für ein Wellenpaket, das z.B. ein Elektron oder ein α–Teilchen wellenmechanisch beschreibt.

bolantennen (*Schüsseln*, wie wir sie vom Satellitenfernsehen her kennen) abgestrahlt und detektiert. Eine Parabolantenne strahlt parallel gerichtete Wellen ab. Der Wellenstrahl behält auf diese Weise über weite Entfernungen seine Form.

Die Laufzeit des digitalen Signals, d.h. des Impulses, wird an einem Oszillographen abgelesen und mit der Laufzeit desselben Impulses, der die gleiche Strecke durch die Luft zurückgelegt hat, verglichen (siehe auch Abschnitt 4.4).

Das getunnelte Signal benötigt für die Überwindung der 30 cm langen Tunnelstrecke eine Zeit von 100 ps, das lichtschnelle Si-

5.3 Tunnelgeschwindigkeit 117

gnal benötigt zur Durchquerung einer Luftstrecke gleicher Länge 1000 ps, also zehnmal so lang. Die Intensität des getunnelten Impulses reduziert sich auf 1% der Eingangsintensität, das die Luftstrecke durchquerende Signal erleidet kaum eine Dämpfung. Da aber die Information eines Signals in seiner Halbwertsbreite

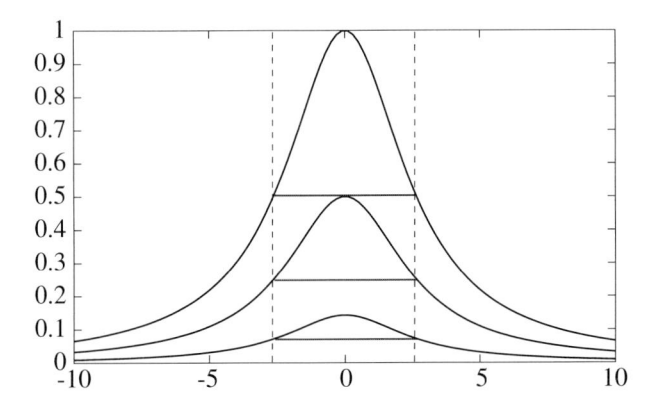

Abb. 5.33: Skizze eines Mikrowellensignals verschiedener Intensität. Deutlich zu erkennen ist, dass die Halbwertsbreite unabhängig von der Intensität des Signals ist.

enthalten ist, und diese, wie aus Abbildung 5.33 deutlich wird, unverändert bleibt, spielt die Intensität des detektierten Signals bezüglich dieser Information keine Rolle. (Wir kennen dieses Verhalten z.B. von einer Melodie, die wir leise oder laut spielen können, ohne daß sich dabei die Information ändert.) Das getunnelte Signal wird also 900 ps eher detektiert, woraus sich bei diesem Versuch für das getunnelte Signal eine zehnfache Lichtgeschwindigkeit errechnet.

In der Abbildung 4.6 werden digitale Signale unserer derzeitigen optoelektronischen Kommunikationssysteme gezeigt. Die Signale werden von Infrarotstrahlen getragen. In einem Laboratorium der auf dem Weltmarkt führenden Firma Corning in Mailand haben Longhi und Mitarbeiter auf einer Glasfaserleitung bereits vor zwei Jahren ein digitales Signal dieser Art mit zweifacher Lichtgeschwindigkeit getunnelt [27].

5.3.3 Bestimmung der Tunnelzeit am verengten Hohlleiter

Zur Bestimmung der Tunnelzeit im verengten Hohlleiter vergleicht man die Laufzeiten eines Mikrowellenimpulses durch die Tunnelstrecke (siehe Abbildung 5.29) mit der Laufzeit des gleichen Impulses durch eine gleich lange Luftstrecke. Die Trägerfrequenz der Impulse liegt dabei zwischen den beiden Grenzwellenlängen der einzelnen Hohlleiterstücke. Zur Überwindung einer 10 cm langen Tunnelstrecke benötigt ein Mikrowellenimpuls der Trägerfrequenz 8,7 GHz eine Tunnelzeit von 130 ps. Ein sich über die gleiche Strecke mit Lichtgeschwindigkeit ausbreitender Impuls erreicht den Detektor erst nach 333 ps. Das tunnelnde Signal breitet sich also mit einer Geschwindigkeit von $2,56\,c$ aus [4], also auch hier wird ein überlichtschnelles Tunneln beobachtet.

5.3.4 Zusammenfassung der Tunnelzeitmessergebnisse

Die Analyse der experimentellen Daten zeigt, dass die Photonen am Tunneleingang etwas verharren und anschließend den Tunnel zeitlos durchqueren. Dass im Tunnel selbst keine Zeit vergeht, gleichgültig wie lang er ist, wurde schon 1962 von Thomas Hartman mit Hilfe der Quantenmechanik vorausgesagt [18] und erstmals im Jahr 1992 von Achim Enders und Günter Nimtz experimentell nachgewiesen [4]. Dieser Befund folgt aus dem theoretischen und experimentellen Ergebnis, dass die Tunnelzeit nicht von der Länge des Tunnels abhängt. Verdoppeln wir die Barrierenlänge, wird das Signal zwar schwächer, die Zeit aber bleibt unverändert.

Aufgrund dieser Zeitlosigkeit im Tunnel ist die Geschwindigkeit eines Teilchens innerhalb des Tunnels unendlich groß. Et-

5.3 Tunnelgeschwindigkeit

was Zeit geht für die Photonen oder jedes andere Teilchen also nur am Eingang des Tunnels verloren. Dieser konstante von der Tunnellänge unabhängige Zeitverlust führt dazu, dass mit zunehmender Tunnelstrecke die Tunnelgeschwindigkeit proportional zur Tunnellänge anwächst, denn Geschwindigkeit ist Weg pro Zeit.

Wir können also Signale, auch wenn sie viel Energie durch Reflexion am Tunneleingang einbüßen, mit Überlichtgeschwindigkeit versenden [6]. Dies gilt nicht nur für Photonen und Elektronen sondern auch für Atome und Moleküle, sofern nur genügend davon bereitstehen.

Ein faszinierender Beweis dafür, dass auch *„makroskopische"* Strukturen quantenmechanische Eigenschaften besitzen, gelang der Arbeitsgruppe um den Physiker Anton Zeilinger an der Universität Wien im Jahr 1999 [28]. Sie konnte zeigen, dass selbst

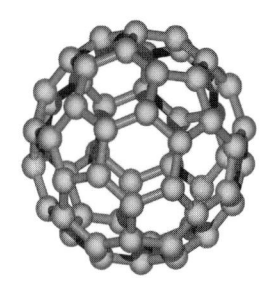

Abb. 5.34: Buckminster–Fulleren (auch Fußballmolekül oder C_{60}–Molekül genannt). Dieses *„große"* Molekül ist aus 60 Kohlenstoffatomen aufgebaut und erinnert an die Form eines Fußballes. *Quelle: W. Harneit, FU + HMI Berlin*

so große Moleküle wie die aus 60 einzelnen Kohlenstoffatomen aufgebauten *Buckminster–Fullerene* Welleneigenschaften besitzen (siehe Abbildung 5.34). Diese kugelförmigen Moleküle wurden nach dem amerikanischen Architekten *Richard Buckminster Fuller* (1895–1983) benannt und werden oft auch als *Fußballmoleküle* bezeichnet.

Dass sich das gesamte Molekül wie eine ausgedehnte Welle verhält, konnte durch Interferenzmessungen an einem kleinen Gitter nachgewiesen werden. Werden nämlich viele dieser Moleküle auf ein solches Gitter geschossen, entsteht dahinter ein Interferenzmuster, das darauf schließen lässt, dass die einzelnen Moleküle durch mindestens zwei Spalte des Gitters zugleich gelaufen sein müssen (siehe Abbildung 5.35). Dies ist aber nur möglich, wenn die Moleküle Welleneigenschaften besitzen.

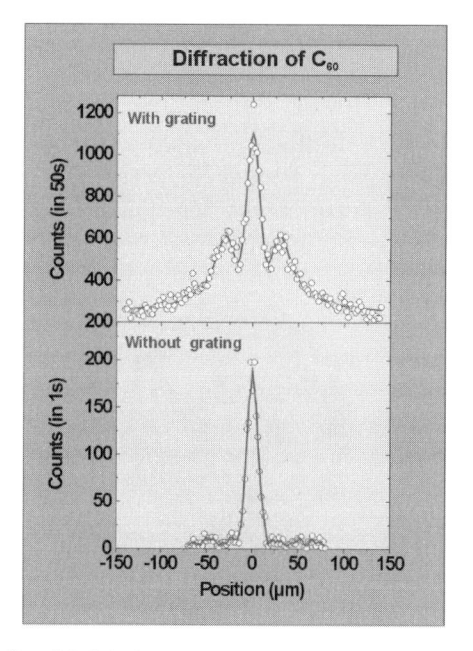

Abb. 5.35: Oben: C_{60}–Moleküle wurden an einem mikroskopisch kleinen Gitter gebeugt. Man erkennt ein typisches Interferenzmuster mit einem Hauptmaximum in der Mitte sowie rechts und links davon zwei Nebenmaxima. Unten: Die Aufprallpunkte der C_{60}–Moleküle ohne ein solches Gitter im Strahlengang. *Homepage AG Prof. Zeiliger, Universität Wien*

Aufgrund dieser Welleneigenschaften ist es also theoretisch und prinzipiell experimentell möglich, auch solche großen Moleküle zu tunneln. Der Gültigkeitsbereich der Quantenmechanik verschiebt sich damit immer weiter in den Bereich makroskopischer Objekte. Ursprünglich gingen die Physiker davon aus, dass die Quantenmechanik allein im mikroskopischen Bereich eines Atoms und darunter von Bedeutung sei.

Rein theoretisch könnte man also auch Menschen tunneln. Sie müssten dazu nur genügend oft gegen die Barriere anlaufen, um schließlich einmal zu tunneln und nicht abzuprallen. Tunnelräume ohne Zeit existieren, auch wenn ihre Eroberung für den Menschen selbst höchst unwahrscheinlich ist.

5.4 Kausalität

Überlichtschnelle Signalgeschwindigkeiten führen nach Meinung vieler Lehrbücher der Relativitätstheorie zu sehr denkwürdigen Konsequenzen. Es zeigt sich nämlich, dass bei Rechnungen mit Geschwindigkeiten größer als die Lichtgeschwindigkeit unter gewissen Bedingungen eine chronologische Vertauschung von Ursache und Wirkung eines Ereignisses möglich wird [7, 17]. So kann die Wirkung für einen gewissen Beobachter unter bestimmten Bedingungen schon *vor* der Ursache erscheinen. Ein Beispiel wird in Abbildung 5.36 erläutert [29].

Von einem festen Ort $x = 0$ zu einem Zeitpunkt $t = 0$ sendet Maria (A) die gerade bekanntgegebenen Lottozahlen ihrer Freundin Susanne (B). Diese befindet sich zur Zeit t' in einem Raumschiff am Ort x' und entfernt sich mit einer Geschwindigkeit v_r von $0,75\,c$ vom Sendeort x Marias. Zur Übertragung steht Maria eine Tunnelstrecke zur Verfügung, die mit vierfacher Lichtgeschwindigkeit senden kann. Man nehme an, die Übertragungsstrecke L zwischen Maria und Susanne bzw. der Tunnel ist $2\,000\,000$ km lang (das entspricht 50 mal dem Erdumfang). Susanne nutzt nun eine Tunnelstrecke gleicher Länge, die mit zweifacher Lichtgeschwindigkeit sendet, und schickt die erhaltenen Lottozahlen sofort an Maria zurück. Mit Hilfe des Forma-

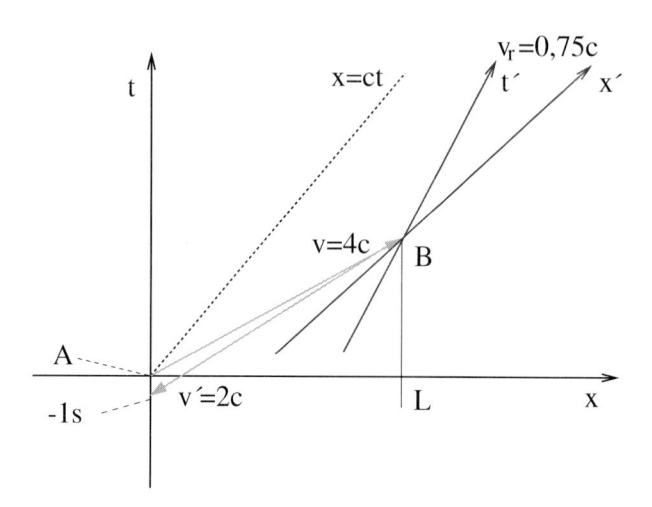

Abb. 5.36: Zeit(t)–Weg(x)–Diagramm für zwei Inertialsysteme (x,t) und (x',t'). Die beiden Systeme bewegen sich mit der Geschwindigkeit v_r relativ zueinander. Das Versenden eines zeitlich punktförmigen Signals mit Überlichtgeschwindigkeit zwischen zwei, sich in diesen beiden Inertialsystemen befindlichen, rasch voneinander entfernenden Personen ermöglicht theoretisch das Vertauschen von Ursache und Wirkung. Die Gerade x = c t stellt die Zeit eines sich mit Lichtgeschwindigkeit ausbreitenden Signals dar. Das x t–Raumzeit–Gebiet oberhalb der Geraden x=c t wird zeitartig, das superluminale darunter wird raumartig genannt.

lismus der Speziellen Relativitätstheorie lässt sich, wie in Abbildung 5.36 gezeigt ist, berechnen, dass Maria die Lottozahlen dann in der Vergangenheit (negativer Zeitwert, in diesem Beispiel 1 s vor Bekanntgabe) zurückerhält. Sie könnte also die richtigen Zahlen noch rechtzeitig am Schalter einreichen [17].

Im Rahmen der naiven Interpretation der *Einstein–Kausalität*, welche Signalgeschwindigkeiten größer als die Lichtgeschwindigkeit verbietet, wird also plötzlich eine Vertauschung von Ursache und Wirkung möglich. Dennoch können Überlichtgeschwindigkeiten auftreten, das haben in den letzten Jahren verschiedene

5.4 Kausalität

Experimente gezeigt. Dass trotz dieser experimentellen Ergebnisse die Spezielle Relativitätstheorie ihre Gültigkeit behält, beruht darauf, dass ihre Gesetze nur für die Ausbreitung von Licht im *freien* Raum gelten. Sie beschreibt nicht das Tunneln, das weder im freien Raum erfolgt, noch auf normaler Wellenausbreitung beruht.

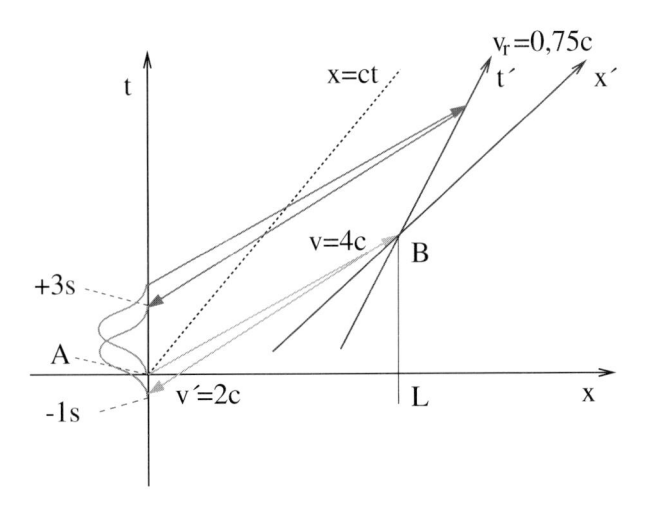

Abb. 5.37: Die Tatsache, dass ein Signal nicht punktförmig ist, sondern zeitlich ausgedehnt, verhindert das Vertauschen von Ursache und Wirkung eines Ereignisses. Das Signalende, und damit die volle Information, wird im System A stets in der Zukunft und nicht in der Vergangenheit gemessen.

Trotz der überlichtschnellen Signalgeschwindigkeit beim Tunneln und anderen überlichtschnellen Prozessen bleibt aber das *allgemeine Prinzip der Kausalität*, dass die Wirkung stets der Ursache folgt, auch beim superluminalen Tunneln unverletzt (siehe Abbildung 5.37) [12, 30]. Die Begründung liegt darin, dass in Abbildung 5.36 die Lottozahlen unphysikalisch in *Nullzeit* dargestellt wurden. Nun hat aber ein Signal eine zeitliche Dauer, etliche Sekunden sind notwendig (in unserem Beispiel wurden 4s angenommen), um die Lottozahlen zu übermitteln, bzw. auszusprechen. Wir müssen also das Ende des Signals abwarten, ehe wir zum Lottoschalter eilen können. Und diese Zeitspanne macht uns prinzipiell das Manipulieren der Vergangenheit unmöglich. Der Signalanfang erreicht das System A zwar früher, das Signalende kommt aber stets in der Zukunft des Systems A an (d.h. bei positiven Zeitwerten), gleichgültig wie groß die zur Verfügung stehende Signalgeschwindigkeit ist [12, 30].

Versucht man das Prinzip der Kausalität zu überlisten, indem man die zeitliche Ausdehnung eines Signals so schmal werden lässt, dass es vollständig in der Vergangenheit liegt, so würde man zur Erzeugung eines solchen Signals ein extrem breites Frequenzband benötigen[4].

Diese zeitlich extrem kurzen und damit frequenzbandbreiten Signale sind aber für eine akausale Anwendung nicht nutzbar, weil sie im Tunnel *Dispersion* erleiden. Unter Dispersion versteht man hierbei, dass im Tunnel verschiedene Frequenzkomponenten eines Signals verschieden stark gedämpft werden. Hohe Frequenzkomponenten eines getunnelten Signals werden anders gedämpft als niedrige, dies führt zu einer starken Verformung solcher breitbandiger Signale. Ändert sich aber die Form des Signals signifikant, kann es nicht mehr identifiziert werden.

Ein weiterer Punkt ist, wie z.B. in Abschnitt 5.2.3 schon gezeigt, dass ein Signal mit zu breitem Frequenzband gar nicht mehr tunnelt. Am Beispiel des verengten Hohlleiters (Abbildung 5.29) wird dies deutlich. In ihm kann ein Signal nur dann tunneln, wenn sein Frequenzband zwischen den beiden Abschneidefrequenzen der einzelnen Hohlleiterstücke liegt. Wird das Band zu breit, über– oder unterschreitet es diese Grenzen. Bei Überschreitung der oberen Grenzfrequenz passt die Welle auch in den schmaleren Hohlleiterabschnitt und breitet sich dann mit Lichtgeschwindigkeit oder langsamer aus. Der verengte Hohllei-

---

[4]Diese Technik wird bei der modernen Signalübertragung eingesetzt, um in derselben Zeit mehr Signale über eine Leitung senden zu können. Hier wird allerdings die Frequenzbandbreite nur um wenige Größenordnungen erweitert.

ter wäre somit kein Tunnel mehr. Bei Unterschreitung der unteren Grenzfrequenz kann sich die Welle schon im breiten Hohlleiterstück nicht mehr ausbreiten.

Schließlich und entscheidend entspricht ein sehr breites Frequenzband einer sehr hohen Energie, denn die Energie wächst mit der Frequenz eines Signals. Das zeigt die Abbildung 5.13: Die minimale Quantenenergie einer Mikrowelle ist um Milliarden kleiner als die eines Röntgenstrahls. Wenn ein Signal also hohe Frequenzen enthält, dann muss auch seine Energie entsprechend groß sein[5].

5.5 Nichtlokalität: Reflexion am Tunnel

Nichtlokalität bedeutet, dass ein Wellenpaket, ein Teilchen oder mehrere miteinander verknüpfte Teilchen über einen gewissen Raum zeitgleich (instantan) verteilt ist. Von Gott wird in der Theologie angenommen, dass er allgegenwärtig ist. Gott wäre aus physikalischer Sicht ein Beispiel für ein nichtlokales Phänomen. Gewöhnliche Objekte wie Menschen werden stets zu einer festen Zeit nur an einem bestimmten Ort angetroffen, sie sind lokalisiert. Ein Photon oder Elektron dagegen kann sich zur selben Zeit in Köln und in Berlin aufhalten. Erst beim Messprozess werden die Teilchen lokalisiert, d.h. *„dingfest"* gemacht.

Genau solch ein nichtlokales Verhalten wird z.B. bei der Reflexion eines Mikrowellensignals am Tunneleingang beobachtet. Der experimentelle Aufbau zum Nachweis des nichtlokalen Verhaltens des Tunnelprozesses ist in Abbildung 5.38 dargestellt.

Ein impulsförmiges Signal wurde mittels einer Parabolantenne auf eine in der Länge veränderliche Tunnelbarriere (hier wie-

---

[5]Trotzdem werden in vielen Lehrbüchern Signale fälschlicherweise durch ein unbegrenztes Frequenzband und damit durch unbegrenzte Energie beschrieben (siehe unter vielen anderen z.B. [7, 17]).

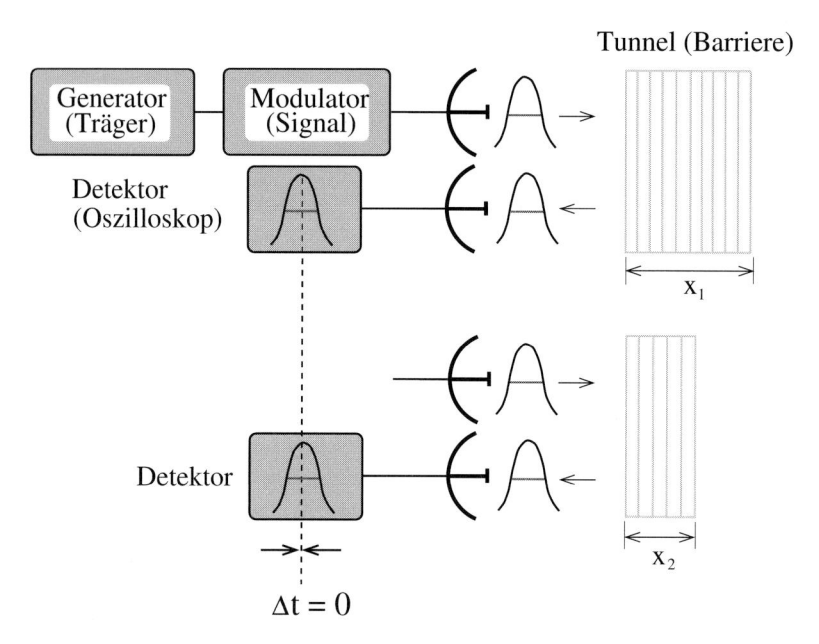

Abb. 5.38: Messaufbau zur Bestimmung der Nichtlokalität eines an einer Tunnelbarriere reflektierten Signals. Zur Messung wird die Tunnellänge variiert.

der eine $\lambda/4$–Gitterstruktur) gesendet. Mit einer zweiten Antenne wurde das reflektierte Signal detektiert. Die Laufzeiten und Amplituden der am Tunnel reflektierten Signale wurden außerdem mit dem an einem Metallspiegel reflektierten Signal verglichen. Der Spiegel stand dabei anstelle des Tunnels einmal an der Position des Tunnelanfangs und einmal an der Position des Tunnelendes. Das klassisch unerwartete Messergebnis ist in der Fig. 5.39 dargestellt.

Das am vorderen Spiegel reflektierte Signal breitet sich in Luft mit Lichtgeschwindigkeit aus. Es dient als Kalibrierung, seine Laufzeit wurde auf $t = 0$ festgelegt. Bringt man den Spiegel anstelle des Tunnels an die Position des Tunnelendes, ist die entsprechende Laufzeit durch die Luft bis zum Spiegel und zurück (2 × 41 cm) 2733 ps.

Die an der Tunnelbarriere reflektierten Signale benötigen dagegen nur etwa 100 ps (eine Schwingungsdauer der Trägerfrequenz) länger als das am vorderen Spiegel reflektierte Signal bis zum Detektor gleichgültig wie lang die Tunnelbarriere ist. Diese Zeitdifferenz entspricht der Tunnelzeit der Barriere in Transmission. Die Tunnelzeit und die Reflexionszeit am Tunnel sind somit interessanterweise gleich groß. Beide entstehen nur am Eingang des Tunnels, bevor sich das Signal innerhalb der Barriere instantan ausbreitet und transmittiert oder reflektiert wird. Damit ist diese Zeitdauer unabhängig von der Tunnellänge: Alle an den verschieden langen Barrieren reflektierten Signale treffen gleich schnell auf den Detektor. Allerdings sinkt mit Abnahme der Tunnellänge der reflektierte Anteil der Welle, es wird mehr vom Signal durch den Tunnel transmittiert. Im dargestellten Beispiel sinkt die reflektierte Intensität mit abnehmender Tunnellänge von 97% auf ca. 95%. Man kann mit diesem einfachen Mikrowellenexperiment innerhalb einer Schwingungsdauer von nur 100 ps (= Picosekunde = 0,000 000 000 1 s) aus der Höhe der Amplitude ermitteln, wie lang die Tunnelbarriere war[6].

---

[6]Zwei miteinander verknüpfte (meist *verschränkt* genannte) Teilchen sollen zum einen einen positiven zum anderen einen negativen Spin besitzen. Der Gesamtwert des Spins ist damit Null. Wird aber z.B. der positive Spin des einen Teilchens gemessen, so weiss man instantan, dass das andere Teilchen den negativen Spin besitzt, gleichgültig wo sich das zweite Teilchen aufhält. Eine ähnliche Verknüpfung findet man beim Tunneln für die reflektierte bzw. transmittierte Strahlung. Die Intensitäten der Reflexion R und der Transmission T addieren sich zur Gesamtintensität 1 ($R+T=1$). Misst man also am Eingang der Tunnelbarriere die reflektierte Intensität R, kennt man sofort die transmittierte Intensität T am Ausgang des Tunnels und umgekehrt. In der Quantenmechanik entspricht die Beziehung $R+T=1$ der Erhaltung der Teilchenzahl, während in der klassischen Physik diese auf der Energieerhaltung fußt. In der Sprache der Relativitätstheorie haben wir eine *raumartige*, also superluminale Verknüpfung von den beiden Größen R und T mit dem Gesamtzustand 1, wobei R und T an getrennten Orten des Tunnels auftreten. (siehe auch Abbildung 5.36).

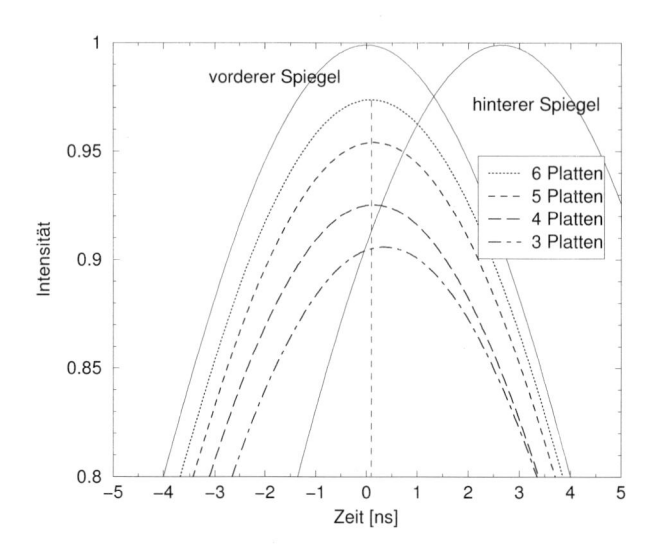

Abb. 5.39: Ergebnis der Reflexionsmessung eines Mikrowellenimpulses an einer Tunnelbarriere. Die Laufzeit des Signals ist unabhängig von der Tunnellänge, nur die Amplitude des Signals wird mit abnehmender Tunnellänge schwächer. Die Laufzeit eines an einem Metallspiegel reflektierten Signals an der Position der Front der Barriere unterscheidet sich genau um die Tunnelzeit (100 ps) von dem an der Barriere reflektierten Mikrowellensignal. Das vom Barrierenende durch die Luft gespiegelte Signal benötigt ca. 2700 ps mehr Zeit.

Das Wellenpaket breitet sich also im Tunnel instantan aus und es ist vom Eingang bis zum Ende überall vorhanden. Diese nichtlokale Erscheinung mutet unheimlich an.

Die entsprechende Laufzeit durch die Luftstrecke von 2 × 41 cm bis zum Spiegel am Tunnelende und zurück ist über 27 mal länger, also etwa 2 733 ps länger als die am Eingang entstehende Verzögerung.

Die nichtlokale Reflexion führt auf ein faszinierendes Gedankenexperiment: Wenn wir z.B. mit Hilfe der frustrierten Totalreflexion am Prisma in das All sehen würden, also z.B. den Tunnelabstand Prisma zum Mond oder Prisma zu einem fernen Stern (alle diese Objekte zeichnen sich durch eine Änderung in der Brechzahl des Vakuums aus), dann würden wir aus der Reflexionsstärke (aus der Amplitude unseres Signals) innerhalb von nur 100 ps den Abstand zu diesen Objekten bestimmen können. Voraussetzung wäre allerdings, dass wir den Reflexionsfaktor auf viele hundert Stellen hinter dem Komma genau messen könnten und mit zeitlich entsprechend breiten Impulsen arbeiten würden.

5.6 Universale Beziehung zwischen Tunnelzeit und Signal- bzw. Teilchenfrequenz

Die Analyse verschiedener Tunnelexperimente führte zu einem interessanten Ergebnis: In guter Näherung entspricht die Tunnelzeit τ der Schwingungszeit T der zu tunnelnden Welle, also der reziproken Frequenz. Im Falle eines impulsförmigen amplituden-

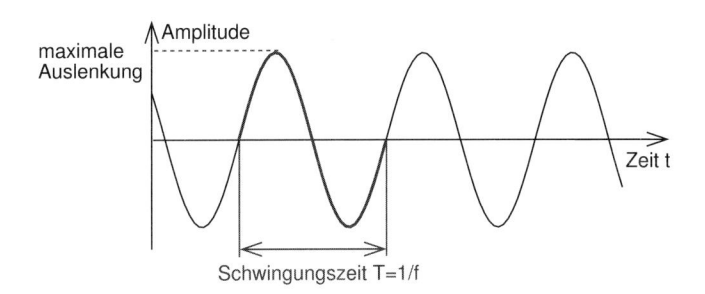

Abb. 5.40: Schwingungszeit T einer Welle. Sie ist gleich der reziproken Frequenz f. Ein Pendel, das mit einer Frequenz von 1 Hz schwingt, besitzt eine Schwingungszeit von 1 Sekunde.

modulierten Signals (AM) ist dies die reziproke Trägerfrequenz, im Fall eines Photons aufgrund des Welle–Teilchen–Dualismus dessen reziproke Frequenz f oder im Fall eines beliebigen Wellenpaketes mit der Energie E (siehe Abbildung 5.32) die reziproke Teilchenenergie dividiert durch die Plancksche Wirkungskonstante ($T = 1/f = 1/(E/h) = h/E$). Oft wird diese Größe nach dem französischen Physiker und Nobelpreisträger Louis Victor Prince de Broglie (1892–1987) auch die *De Broglie–Frequenz* genannt. Ende 1923 leitete er die formale Verkettung des Welle–Teilchen–Dualismus her.

In Tabelle 5.1 sind Tunnelzeitdaten aus Experimenten mit Photonen von verschiedenen Arbeitsgruppen an unterschiedlichen Tunnelbarrieren und bei verschiedenen Frequenzen zusammengetragen [31]. Da, wie schon erwähnt, die Tunnelzeit der Verweilzeit am Tunneleingang entspricht und im Tunnel selbst keine Zeit vergeht, ist die Tunnelzeit nur von der Frequenz des gesendeten Signals und nicht von der Art der Barriere abhängig.

Aufgrund der eingangs erwähnten, mathematischen Analogie sollte der universale Zusammenhang zwischen Tunnelzeit und reziproker Frequenz von Photonen genauso auch für Elektronen und α–Teilchen gelten. Die universale Beziehung erlaubt damit zum ersten Mal, die minimale zeitliche Reaktion einer Tunneldiode allein aufgrund des Tunnelprozesses anzugeben.

Die Voraussage der Gültigkeit einer universalen Tunnelzeit auch für Elektronen wurde vor kurzem tatsächlich in einem raffinierten Experiment bestätigt. Die russischen Forscher Sekatskii und Letokhov vom Institut für Spektroskopie der Russischen Akademie der Wissenschaften in Moskau haben die Tunnelzeit von Elektronen an einem Feldemissionsmikroskop gemessen. Die Messwerte betrugen je nach Feldstärke zwischen 6 fs und 8 fs (1 fs = 1 Femtosekunde = 0,000 000 000 000 000 s). Die universelle empirische Beziehung für die Tunnelzeit konnte zu $\tau > 2{,}43$ fs abgeschätzt werden.

Auch Elektronen besitzen wie Photonen, sowohl Teilchen- als auch Welleneigenschaften. Ein Elektron sieht im Wellenbild

*5.6 Universale Beziehung zwischen Tunnelzeit und Signal- bzw. Teilchenfrequenz*131

der Quantenmechanik so aus, wie es der Wellenzug der Abbildung 5.32 zeigt. Aus der Energie eines Elektrons kann seine Wellenpaketfrequenz und damit seine Schwingungszeit berechnet werden. Die Schwingungszeiten und die Tunnelzeiten der im Feldemissionsmikroskop vermessenen Elektronen stimmen im Rahmen der Messgenauigkeit und der Datenkenntnis der experimentellen Bedingungen überein. Dieses aktuelle Experiment bestätigt die Annahme, dass auch Elektronen wie Photonen im Tunnel keine Zeit verbringen (siehe Ref. [32, 33]). Auch sie verweilen die beobachtete Tunnelzeit am Eingang des Berges.

Photonische Barriere	Referenz	Tunnelzeit τ	Reziproke Frequenz $T = 1/f$
Frustrierte Totalreflexion am Doppelprisma	Haibel/Nimtz	117 ps	120 ps
	Carey et al.	$\approx$ 1 ps	3 ps
	Balcou/Dutriaux	40 fs	11,3 fs
	Mugnai et al.	134 ps	100 ps
Photonisches Gitter	Steinberg et al.	2,13 fs	2,34 fs
	Spielmann et al.	2,7 fs	2,7 fs
	Nimtz et al.	81 ps	115 ps
Unterdimensionierter Hohlleiter	Enders/Nimtz	130 ps	115 ps
Feldemissions- mikroskopie	Sekatskii/Letokhov	6–8 fs	>2,43 fs

Tabelle 5.1: Ergebnisse der Tunnelzeitmessungen für drei verschiedene Tunnelbarrierenarten bei stark unterschiedlichen Frequenzen der Wellenpakete bzw. der Teilchen im Sinne des Welle–Teilchen–Dualismus.

5.7 Wurmlöcher und Raum–Zeit–Blasen (Wormholes und Warp-Drives)

Sience Fiction behandelt immer wieder das Phänomen des *Zeitreisens*. Solange uns aber nur Fortbewegungsmöglichkeiten mit Geschwindigkeiten wesentlich kleiner als der des Lichtes zur Verfügung stehen, gibt es keine Chance, unsere Galaxie zu verlassen. Der Durchmesser unserer Galaxie beträgt etwa 120 000 Lichtjahre. Selbst wenn ein Raumschiff sich mit Lichtgeschwindigkeit bewegt, würden auf der Erde 4000 Menschengenerationen (eine Generation beträgt ca. 30 Jahre) vergehen, bevor es von einem Ende zum anderen Ende unserer Galaxie gelangt ist. Ob also auch im Weltall ein Tunnelvorgang zur überlichtschnellen Fortbewegung von Materie helfen könnte? Anstelle von Photonen, Elektronen und α–Teilchen könnten dann analog Raumschiffe durch den Kosmos tunneln, um zu fernen Zielen oder gar in die Vergangenheit zu reisen. In den Bereichen der elektromagnetischen Kräfte und der Kernkräfte ist das Tunneln etabliert, ist es auch im Bereich der Gravitationskräfte, die den Kosmos regieren, möglich?

Das Weltall wird seit Einsteins Allgemeiner Relativitätstheorie (1915) durch die vierdimensionale Raum–Zeit–Struktur beschrieben. In dieser Struktur gibt es neben den drei Raumrichtungen noch die Zeit als gleichberechtigte Größe. Die Zeit entspricht einer gleichwertigen räumlichen Ausdehnung. Die Raum–Zeit–Struktur ist also vierdimensional. Schon im Jahr 1935 hatten Albert Einstein und Nathan Rosen bewiesen, dass im Rahmen der Allgemeinen Relativitätstheorie sogenannte *Brücken* oder *Abkürzungen* in der Raum–Zeit zulässig sind, die als Wurmlöcher bzw. Wormholes bezeichnet werden.

Normale, uns bekannte Materie besitzt durchweg positive Energie und verursacht die positive Raum–Zeit–Krümmung, die wir als anziehende Schwerkraft wahrnehmen. Zur Konstruktion genügend großer und stabiler Wurmlöcher benötigt man allerdings eine negative Krümmung der Raum–Zeit oder abstoßende Gravitation, also *negative* Energie oder Masse, auch bekannt als *exotische Materie*. Negative Energie verzerrt die Raum–Zeit und eröffnet damit erstaunliche Möglichkeiten. Jedoch, wie gewinnt man nun aber negative Energie?

Ein Raumgebiet kann nach den allgemeinen Vorstellungen auch im absoluten Vakuum bestenfalls die Energie null besitzen. Aufgrund des Unbestimmtheitsprinzips der Quantenphysik gibt es aber tatsächlich Raumgebiete, die *weniger als keine*, also negative Energie enthalten. Auch im absoluten Vakuum ist zwar die mittlere Energiedichte null, aber es entstehen und vernichten sich ständig sogenannte virtuelle, entgegengesetzt geladene Teilchenpaare; die Energiedichte fluktuiert.

Zur Erzeugung solch negativer Energiedichten kann der sogenannte Casimir–Effekt genutzt werden. Der niederländischen Physiker Hendrik B. G. Casimir berechnete im Jahr 1948, dass zwei ungeladene, parallel gelagerte Metallplatten die Vakuumfluktuationen so beeinflussen, dass die Platten einander anziehen (siehe Abbildung 5.41). Während nämlich im Vakuum außerhalb der Platten alle möglichen Fluktuationen bzw. Wellenlängen zulässig sind, können zwischen den beiden Metallplatten nur ganzzahlige Vielfache bestimmter Wellenlängen existieren. Die Fluktuationen zwischen den beiden Platten werden dadurch reduziert. Von außen drücken also mehr Wellen auf die Platten als von innen entgegenwirken. Es entsteht negative Energie bzw. ein negativer Druck der die Platten zusammenzieht. Je mehr die Platten zusammengezogen werden, desto stärker nehmen die negative Energie und der negative Druck weiter zu und damit steigt wiederum die Anziehungskraft. Der Effekt ist allerdings winzig, ein Plattenabstand von nur 10^{-6} mm verursacht einen negativen Druck von gerade einmal 10^{-4} des Luftdrucks.

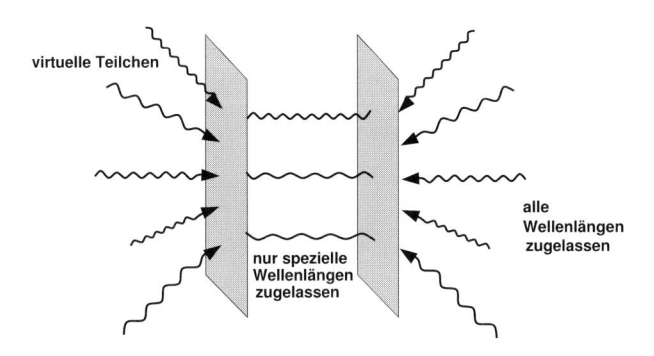

5.7 Wurmlöcher und Raum–Zeit–Blasen (Wormholes und Warp-Drives) 135

Abb. 5.41: Skizze zum Casimir–Effekt. Die außerhalb der Metallplatten im Mittel höhere Anzahl an virtuellen Teilchen drückt die beiden parallelen, ungeladenen Platten zusammen.

Wissenschaftler der Quantenoptik konnten nachweisen, dass man diese Vakuumfluktuationen durch destruktive Quanteninterferenz unterdrücken kann und dabei abwechselnd Gebiete negativer und positiver Energie schafft. Im Mittel bleibt die gesamte Energie jedoch positiv. Wenn also an einem Ort negative Energie erzeugt wird, muss an einem anderen Ort zusätzliche positive Energie entstehen. Einem Impuls negativer Energie folgt immer ein Impuls positiver Energie, der den ersten überkompensiert. Diesen Effekt nennt man *Quantenzins*. Die negative Energie muss positiv und *„mit Zinsen"* zurückgezahlt werden (siehe Abbildung 5.42).

Ist man aber in der Lage, negative Energie zu erzeugen, könnte damit eine stark negativ gekrümmte Region in der Raum–Zeit konstruiert werden und damit eine Art Überlichtantrieb, z.B. ein durchquerbares Wurmloch (siehe Abbildung 5.43). Die negative Energie verursacht eine abstoßend wirkende Gravitation und verhindert somit das Zusammenbrechen des Wurmlochs. Die tunnelförmige Verbindung zwischen zwei Raum–Zeit–Gebieten ermöglicht es den Teilchen (oder auch Raumschiffen), Weg und

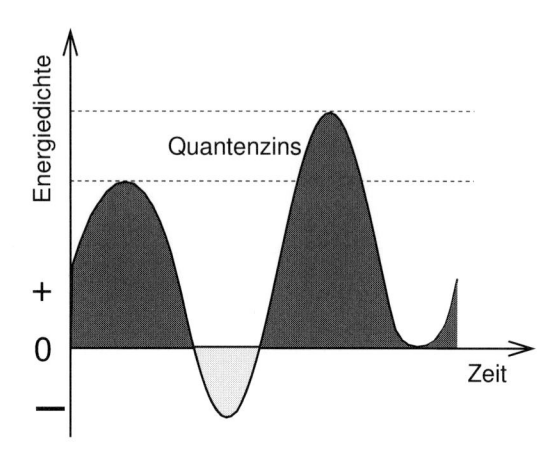

Abb. 5.42: Skizze zum *„Quantenzins"*. Die an einem Ort erzeugte negative Energiedichte entspricht einem Energiedarlehen, das an einem anderen Ort mit zusätzlicher positiver Energie (Zinsen) zurückgezahlt werden muss.

Zeit zwischen zwei Punkten im Weltall drastisch abzukürzen und dadurch schneller ans Ziel zu gelangen als entlang des normalen Weges. Man könnte dann z.B. das Wurmloch auf der Erde betreten und nach kurzer Zeit auf der Whirlpool–Galaxie landen.

Makroskopische Wurmlöcher sind zwar prinzipiell modulierbar, allerdings müsste die negative Energie auf ein extrem dünnes Band um das Loch beschränkt bleiben. Bei einem Wurmlochradius von einem Meter betrüge die Dicke des umschließenden negativen Energiefeldes 10^{-21} m, die zur Konstruktion notwendige negative Energie entspräche der Gesamtenergie, die 10 Milliarden Sterne im Laufe eines Jahres erzeugen. Würde man gar ein Wurmloch konstruieren, durch das ein Raumschiff reisen kann, würde die gesamte Energie des Universums dazu nicht ausreichen.

Eine andere Möglichkeit zur überlichtschnellen Raumfahrt schlug 1994 Miguel Alcubierre Moya von der Universität von Wale in

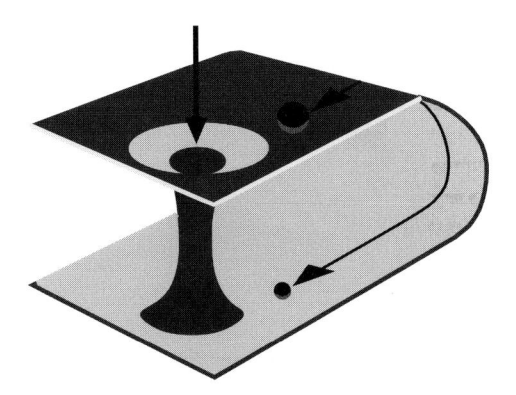

5.7 Wurmlöcher und Raum–Zeit–Blasen (Wormholes und Warp-Drives)

Abb. 5.43: Ein Wurmloch stellt eine tunnelförmige Abkürzung zwischen entfernten Orten im Kosmos dar. Das Band stellt den für uns realen, zugänglichen Raum mit positiver Energie im Kosmos dar.

Cardiff vor: die Raum–Zeit–Blase bzw. den Warp-Drive. Abbildung 5.44 zeigt ein Raumschiff, das sich überlichtschnell mit einer Raum–Zeit–Blase bewegt. Auch zur Konstruktion einer solchen Raum–Zeit–Blase ist negative Energie erforderlich.

Das Raumschiff selbst ruht relativ zu seiner Umgebung in der Raum–Zeit–Blase, für außerhalb befindliche Beobachter bewegt es sich aber mit der Blase mit beliebig hohen Geschwindigkeiten. Die überlichtschnelle Bewegung der Blase kommt durch eine Verdichtung der Raum–Zeit–Struktur an der Blasenfront und einer Expansion an der Blasenrückseite zustande. Dadurch verkürzt sich der Abstand zum Ziel des Raumschiffs, während sich der Abstand zum Herkunftsort vergrößert. Solch eine Raum–Zeit–Verdichtung und Ausdehnung und die damit verknüpfte beschleunigte Bewegung ist im Rahmen der Allgemeinen Relativitätstheorie möglich. Sie erklärt zur Zeit die überlichtschnelle Expansion unseres Weltalls. Die Raum–Zeit–Blase entspricht also ebenso wie das Wurmloch einer Abkürzung in der vierdimensionalen Raum–Zeit–Welt.

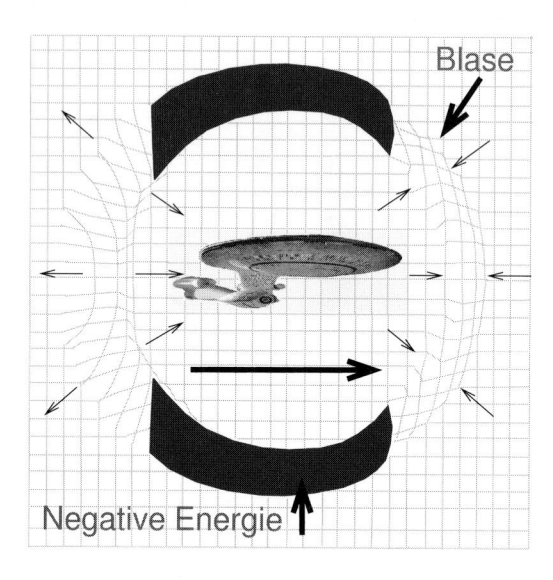

Abb. 5.44: Ein futuristischer Antrieb für Raumschiffe: der vom Raumschiff Enterprise bekannte Warp–Antrieb.

Allerdings gibt es, abgesehen von der zum Bau der Blase notwendigen Energiemenge, ein weiteres Problem des Warp–Antriebes. Zwischen dem vorderen Rand und dem Inneren der Blase besteht keine kausale Verbindung. Das Raumschiff kann dadurch die es umgebende Blase nicht selbst steuern, diese müsste von außen vor Beginn der Reise auf den gewünschten Kurs programmiert werden.

Natürlich glaubte noch zehn Jahre vor der bemannten Mondlandung von 1969 auch niemand an die Möglichkeit einer solchen technischen Leistung. Die Mondlandung war aber nach dem etablierten physikalischen Wissensstand möglich, ihre Realisierung war ein rein technisches Problem, dass unter enormen Anstrengungen schließlich gelöst werden konnte. Auch wenn der Traum zum Mond zu fliegen wahr wurde, für eine überlichtschnelle Raumreise gibt es derzeit keine physikalischen Möglichkeiten. Wormhole und Warp sind aufregende Gedankenspiele, die jedoch am hierzu notwendigen gigantischen Energieaufwand in der Wirklichkeit scheitern [34].

6 Zusammenfassung

Zeit ist gemessene Erfahrung, erfassbar z.B. in den Ausschlägen eines Pendels, den Umläufen der Jupitermonde oder der Länge einer Reise. Auch Empfinden und Denken kostet Zeit. Das ist an der Gehirntätigkeit z.B. über ein Elektroenzephalogramm messbar. Physiologen fanden heraus, dass der Mensch eine Art Zeitquant besitzt, eine Zeiteinheit von etwa einer Zehntel Sekunde. Der durchschnittliche Mensch hat folglich einen Zeitvorrat von 40 Milliarden menschlichen Zeitquanten, also 40 Milliarden Erlebnisse, bzw. Wahrnehmungen sind ihm in seinem Leben vergönnt.

Die Ausbreitung von Wirkungen und Signalen verläuft mit einer endlichen Geschwindigkeit im freien Raum, nämlich mit der Lichtgeschwindigkeit von 300 000 km/s. Die experimentellen und theoretischen Untersuchungen der letzten Jahre haben jedoch gezeigt, dass es spezielle Räume gibt, Tunnelberge und Wurmlöcher, die instantan durcheilt werden. Das Teilchen, ein Raumschiff, oder einfach eine Information halten sich nicht in diesem Tunnelraum auf, obwohl sie diesen durchlaufen. Im Tunnel und im Wurmloch bewegen sich die Teilchen also unendlich schnell. Trotzdem benötigt das tunnelnde Teilchen etwas Zeit, um auf die andere Seite des Tunnels zu gelangen, und zwar weil das Teilchen bzw. das Wellenpaket am Eingang eines Tunnels eine gewisse Zeit wechselwirkt, bevor es entweder umkehrt oder ihn durchquert. Das Tunneln führt zu Geschwindigkeiten sehr viel größer als die des Lichtes. Dies wiederum erlaubt eine Verkürzung der Zeitspanne zwischen Ursache und Wirkung gegenüber einer nur lichtschnellen Wirkungsausbreitung. Aber aufgrund der physikalisch grundlegend bedingten zeitlichen und spektralen Ausdehnung eines jeden Signals oder Teilchens (gleichgültig ob Photonen, Elektronen, Atome oder Moleküle usw.) ist die Konstruktion einer Zeitmaschine, die einen Eingriff in die Vergangenheit erlauben würde, nicht möglich. Ursache und Wirkung können nicht vertauscht werden. Spannend bleibt allerdings die Tatsache, dass es nachgewiesene Räume (Tunnelberge) gibt, in denen keine Zeit existiert, obwohl sie durchquert werden.

Literaturverzeichnis

[1] M. Born, „Die Relativitätstheorie Einsteins", Springer-Verlag, Berlin/Heidelberg (1967)

[2] P. Mittelstaedt, „Philosophische Probleme der modernen Physik", BI Hochschultaschenbücher, Band 50, 7.Auflage, Bibliographisches Institut Mannheim (1979), P. Mittelstaedt„Der Zeitbegriff in der Physik ", BI Wissenschaftsverlag, Mannheim (1989)
und P. Mittelstaedt, „Über die Bedeutung physikalischer Erkenntnisse für die Theologie ", in : P. Weingartner (Hrsg.) Evolution als Schöpfung, W. Kohlhammer, Stuttgart, p. 135-148 (2001)

[3] Aurelius Augustinus, „confessiones", aus dem Jahr 401

[4] A. Enders and G. Nimtz, Journal de Physique I France 2, 1693 (1992)

[5] A. Ranfagni, et al., Appl. Phys. Lett. **58**, 774 (1991)

[6] G. Nimtz, European Physical Journal B7, 523 (1999)

[7] R. U. Sexl und H. K. Urbantke, „Relativity, Groups, Particles", Springer, Wien, New York (2001)

[8] A. Ranfagni et al., Phys. Rev. **E 48**, 1453 (1994)

[9] A. Steinberg, P. Kwiat, R. Chiao, Phys. Rev, Lett. **68**, 2421 (1992) und A. Steinberg, P. Kwiat, R. Chiao, Phys. Rev. Lett. **71**, 708 (1993)

[10] M. Büttiker and S. Washburn, „Optics: Ado about nothing much?", nature Nr. 422, S. 271 - 272 (2003)

[11] S. Collins, D. Lowe and J. R. Barker, J. Phys. C **20**, 6213 (1987)

[12] G. Nimtz and A. Haibel, Ann. Phys. (Leipzig), **11**, 163 (2002)

[13] L. Brillouin, 'Wave propagation and group velocity', Academic Press, New York and London (1960), p.79

[14] I. Newton, „Philosophia naturalis principia mathematica", (1687), Deutsche Ausgabe: J. Ph. Wolfers, Berlin, S. 25 (1872)

[15] G. Nimtz, „Handy, Mikrowelle, Alltagsstrom. Gefahr Elektrosmog?" Pflaum Verlag, München (2001)

[16] H. und M. Ruder, „Die Spezielle Relativitätstheorie", vieweg studium, Grundkurs Physik, Braunschweig/Wiesbaden (1993)

[17] R. U. Sexl und K. H. Schmidt, „Raum–Zeit–Relativität", vieweg studium, 2. Auflage, Braunschweig/Wiesbaden (1979)

[18] Th. Hartman, J. Appl. Phys. **33**, 3427 (1962)

[19] A. Haibel, G. Nimtz, A.A. Stahlhofen, Physical Review E 63, 047601 (2001)

[20] F. Goos und H. Hänchen, „Ein neuer fundamentaler Versuch zur Totalreflexion", Ann. Physik (Leipzig) (6) **1**, 333 (1947) und
F. Goos und H. Lindberg–Hänchen, „Neumessung des Strahlversetzungseffektes bei Totalreflexion", Ann. Physik (Leipzig) (6) **5**, 251 (1949)

[21] A. Sommerfeld, „Vorlesungen über Theoretische Physik" Band IV, Verlag Harri Deutsch (1989)

[22] D. T. Emerson, National Radio Astronomy Observatory, „The Work of Jagadis Chandra Bose, 100 Years of mm–Wave Research" (1998) (Photograph from Acharya Jagadis Chandra Bose, Birth Centenary, 1858-1958. Calcutta: published by the Birth Centenary Committee, printed by P.C. Ray, November 1958.)

[23] F. de Fornel, „Evanescent waves: from Newtonian optics to atomic optics", Springer Verlag, Berlin/Heidelberg/New York (2001)

[24] Proceedings of the 22nd Solvay Conference in Physics „The Physics of Communication", European Cultural Center of Delphi, Delphi, 24–29 November 2001 und
IEEE Journal of selected topics in quantum electronics, Vo. 9, No. 1, January/February 2003, P. 79

[25] H.Aichmann, G.Nimtz, and H.Spieker, Verhandlungen der Deutschen Physikalischen Gesellschaft **7** 1258 (1995)

[26] Th. Martin and R. Landauer, Phys. Rev. **A 45**, 2611 (1992)

[27] S. Longhi et al., Phys. Rev. **E 64**, 055 602 (2001)

[28] A. Zeilinger, nature, Nr. 401, S. 680 (1999)

[29] P. Mittelstaedt, European Physical Journal B13, 353-355 (2000)

[30] G. Nimtz, A.A. Stahlhofen, and A. Haibel, Fourth International Conference on „Computing Anticipatory Systems", 7 - 12 August 2000, Liege, AIP Conference Proceedings

[31] A. Haibel and G. Nimtz, Annalen der Physik (Leipzig) **10** (2001) 8, 707-712

[32] F. E. Low and P. F. Mende, Ann. Phys. Vol 210, P. 380 (19991)

[33] C. R. Leavens and G. C. Aers, Phys. Rev. **B 40**, P. 5387 (1989)

[34] L. H. Ford und T. A. Roman, Spektrum der Wissenschaften, S. 36, März 2000

Register

A

Abschneidefrequenz, 93
Abschwächung, 104
absolutes Vakuum, 134
Aichmann, Horst, 111
Aischylos, 48
α–Teilchen, 14, 77, 78, 130
Altersbestimmung, 81
Amplitude, 126
Analogieexperiment, 93
Antennenkabel, 108
Anziehungskraft, 79
Atom, 14, 119
Atomkraftwerke, 57
Augustinus, Aurelius, 18
Ausbreitung
    -instantane, 101

B

Bahnbewegung, 53
Becquerel, Antoine Henri, 14
Bewegung
    -gleichförmige, 45
    -ungleichförmige, 45
Bewegungsenergie, 46
Big Bang, 15
Bite, 60
bits, 60
Blasenfront, 137
Blasenrückseite, 137
Blei, 78
Blitz, 47
Bose, Jagadis Chandra, 102
Brücken, 133
Braun, Karl Ferdinand, 87
Brechung
    -des Lichtes, 95
Brechungsindex, 100, 113, 115
Brechzahl, 93, 115
Buckminster Fuller, Richard, 119
Buckminster–Fulleren, 119

C

Callisto, 51
Casimir, Hendrik B. G., 134
Casimir–Effekt, 134
Condon, Edward U., 14
Coulomb, Charles Augustin de, 55
Coulomb–
    Abstoßung, 82
    Kräfte, 93
C_{60}–Molekül, 119
Curie, Marie, 14, 16
Curie, Pierre, 14

D

DeBroglie–Frequenz, 130

Determinismus, 77
Deuterium, 83
dielektrisch, 115
dielektrische Eigenschaft, 93
Dispute, 24
Donner, 47
Doppelprisma, 93, 95, 100, 113
    –Experiment, 99
Doppelspalt, 119
Druck
    -negativer, 134

E

Einstein, 63
Einstein, Albert, 65, 133
Einstein–Kausalität, 21
Elektrizitätsversorgung, 43
Elektroenzephalogramm (EEG), 43
elektromagnetische Kräfte, 133
elektromagnetische Strahlen, 100
Elektron, 14, 89, 93, 130
Empfindlichkeit, 43
Enders, Achim, 22, 118
Energie
    –Bandstruktur, 87
    –darlehen, 135
    –dichte, 134
    –lücke, 85, 93
    –Quanten, 62
    –tal, 78
    -negative, 133, 136
    -positive, 133
Erdanziehung, 55
Esaki–Diode, 83
Europa, 51
evaneszente Moden, 93, 101, 102, 110
Ewigkeit, 17

exotische Materie, 133
Expansion, 137
exponentielles Abklingen, 102, 110

F

Feldlinien, 55
Femtosekunde, 130
Fernwirkung, 55
Fluchtgeschwindigkeit, 79
Fluktuation, 134
fossile Lebewesen, 81
Frequenz, 43, 89, 130
    –band, 124
    -reziproke, 129
    Träger–, 60
frustrierte Totalreflexion, 93, 101
fs, 130
Fuß, 33
Fußballmolekül, 119
Fusion, 16

G

Galaxie, 34, 133
Galilei, Galileo, 19, 38, 50, 63
Galilei–Transformation, 63
γ–Strahlung, 60, 92
Gamow, George, 14
Gangunterschied, 104, 106
Ganymed, 51
Gedanken, 41
gegenphasig, 104
Gehirntätigkeit, 41, 43
Geschwindigkeit, 17, 45
    Energie-, 50
    Front-, 50
    Gruppen-, 50
    Phasen-, 50
    Signal-, 50
Gigavolt, 92

Glasfaser, 60
    –kabel, 97
gleichphasig, 104
Gluonen, 57
Goos–Hänchen–Verschiebung, 98
Gravitation, 55, 57
Gravitationskräfte, 133
Gravitonen, 57
Grenzfrequenz, 125
Grenzwellenlänge, 109
Gurney, Ronald W., 14
GV, 92

H

Haibel, Astrid, 113
Halbleiter, 83, 108
Halbleiterelektronik, 83
Halbwertsbreite, 60, 113, 116
Hartman, Thomas, 26, 87, 118
Haushaltstrom, 43
Heliumkern, 14, 57, 83
Herzschlag, 30
Heterostruktur, 115
Hochfrequenz
    –bereich, 108
    –wellen, 102
Hohlleiter, 93
    -verengter, 95, 108, 118, 124

I

imaginäre Lösungen, 102
Inertialsystem, 65
Information, 45
Infrarot–Strahlung, 60, 92
instantan, 21, 55, 125, 126
Interferenz, 75
    -destruktive, 104, 116
    -konstruktive, 104
Io, 51

J

Jahr, 30
Jupitermonde, 51

K

Kausalität, 24, 121
Kern
    –fusion, 15, 57, 82, 93
    –kräfte, 77, 82, 93, 133
    –potenzial, 79
    –spaltungsenergie, 57
    –zerfall, 93
Klytaimnestra, 48
koaxiale Leitung, 108
Kohlen
    –stoffatome, 119
    –stoffisotop C_{14}, 80
Kopernikus, Nikolaus, 37
Kosmos, 133
Kraftlinien, 55
kritischer Winkel, 113
Kugelgalgen, 46

L

Längenkontraktion, 65
Längenmaße, 33
Ladungen
    -gleichnamige, 57
    -negative, 57
    -positive, 57
    -ungleichnamige, 57
$\lambda/4$–Gitterstruktur, 93, 104, 115, 125
Laufzeit, 113, 116, 125, 128
Leitungsband, 85
Licht, 41, 45
    –geschwindigkeit, 46, 50, 55, 114, 116, 118, 121, 122, 126, 133

　　　　–jahr, 33, 34
　　　　–quant, 15, 59, 75, 89
　　　　–strahlen, 95
　　　　–teilchen, 15, 75, 89, 111
Linienflugzeuge, 45
Lorentz, Hendrik Antoon, 63
Lottozahlen, 121, 123
Luft
　　　　–spalt, 100, 114, 115
　　　　–strecke, 116

M

Magnetfeld, 57
Manipulieren der Vergangenheit, 123
Maxwell, James Clerk, 75
Maxwell–Theorie, 75
Megaherz, 108
Metallspiegel, 125
Meter, 33
MHz, 108
Mikrowellen
　　　　–frequenz, 115
　　　　–generator, 116
　　　　–impuls, 113, 118
　　　　–modulator, 116
　　　　–photonen, 92
　　　　–signale, 21
Milchstraßen, 34
Modulation, 46
　　　　Amplituden–, 60
Moleküle, 119
Morsen, 60
Moya, Miguel Alcubierre, 136

N

Nahwirkung, 55
Nanosekunde, 113
Nervenzellen, 43
Neuronen, 43
Newton, Isaac, 20, 29, 63, 98
Nichtlokalität, 21, 125
Nimtz, Günter, 22, 118
ns, 113
Nullzeit, 123

O

Oberflächenwelle, 100, 114
Optik
　　　　-geometrische, 97, 100
　　　　-klassische, 95
　　　　Wellen–, 98
Oszillograph, 116

P

Parabolantennen, 116, 125
periodische Vorgänge, 31
Phänomene
　　　　-überlichtschnelle, 69
　　　　-instantane, 69
　　　　-quantenmechanische, 69
　　　　-zeitlose, 69
photoelektrischer Effekt, 73
Photon, 15, 60, 89, 93, 111, 125, 130
Photonen, 57
Physik
　　　　-klassische, 75
Picosekunde, 127
Planck, Max, 70
Plancksches Wirkungsquantum, 70
Plasma, 82
Poincaré, Henri, 63
Potenzial
　　　　–barrieren, 15
　　　　–berg, 95
Prinzip
　　　　-der Kausalität, 21, 124

-des Tunnelns, 14
Proton, 16
ps, 127
Ptolemäus, Claudius, 37
Puls, 30

Q

Quanten
  –interferenz, 134
  –mechanik, 45, 70, 80, 101, 119
  –optik, 134
  –theorie, 70
  –zins, 134
  -biologische, 41
Quantenmechanik, 63
Quantisierung, 70
Quarzoszillator, 31

R

Röntgen–Strahlung, 60, 92
Radio
  –aktivität, 57
  –wellen, 92
Radio–Karbon–Methode, 81
radioaktiver Zerfall, 15, 77
Radium, 57
Raum
  -absoluter, 29
  -freier, 123
Raum–Zeit–
  -Blasen, 133, 136
  -Krümmung, 133
  -Struktur, 133, 137
Raumschiff, 133, 136, 137
Reaktionszeit, 45
Reflexion, 126
  -am Tunnel, 125
  -des Lichtes, 95

Reiz, 41
Relativitätstheorie, 73, 123, 133
  -Allgemeine, 65
  -Spezielle, 65
  -spezielle, 121
Restaktivität, 81
Rømer, Ole, 51
Rosen, Nathan, 133

S

Schüssel, 116
Schall, 41, 45
  –ausbreitung, 46
  –wellen, 46
Schrödinger Gleichung, 87
Schwerefeld, 57
Schwerkraft, 55, 133
Schwingungs–
  -dauer, 126
  -zeit, 129
Sience Fiction, 133
Signal, 59, 115, 119, 125
  –frequenz, 129
  –geschwindigkeit, 21, 122
  –träger, 46
  -amplitudenmoduliertes, 130
  -digitales, 60, 116
  -reflektiertes, 113
  -technisches, 60
  -transmittiertes, 113
Snelliussches Brechungsgesetz, 96
Spektrum
  -der elektromagnetischen Wellen, 60, 89
Strahlversatz, 98
Strom–Spannungskennlinie, 87
subluminal, 24

superluminal, 24
Superposition, 104
System
    -biologisches, 43

T

Tag, 30
Teilchen, 125
Temperaturstrahlung, 70
Thermischer Strahler, 70
Thorium, 78
TNT, 16
Totalreflexion, 93, 95, 113
Trägerfrequenz, 113, 116, 118, 126
Transmissionsstrecke, 113
Tritium, 83
Tunnel
    –barriere, 125
    –barrieren, 93, 130
    –berg, 93, 106
    –diode, 83, 108
    –eingang, 118, 125
    –experimente, 111
    –geschwindigkeit, 111, 119
    –länge, 126
    –spalt, 101
    –strecke, 116, 118, 121
    –strukturen, 93
    –zeit, 87, 112, 114, 115, 118, 129
    –zeitdaten, 130
Tunnelanalogie
    -optische, 100, 104, 109
Tunneldiode, 21
Tunneleffekt, 69, 95
tunneln, 69
Tunnelprozess, 14, 15, 70
Tunnelzeit, 118

–messungen, 118

U

Überlagerung
    -von Wellen, 93
Überlicht
    –antrieb, 135
    –geschwindigkeit, 119, 122
überlichtschnell, 121, 133, 136
Überschlagsfestigkeit, 108
Uhren, 31
ultraviolette Strahlung, 92
Universum, 17
Unschärferelation, 77
Uran, 57, 77
Urknall, 15, 17
Ursache, 21, 121, 123

V

Vakuum, 41
    –fluktuationen, 134
Valenzband, 85
Vektorbosonen, 57
Verfinsterung
    -der Jupitermonde, 53
Vergangenheit, 122
Verstärkung, 104
Verweilzeit, 130
vierdimensional, 133
virtuelle Teilchenpaare, 134

W

Wärmestrahlung, 92
Wahrnehmungen, 41
Warp–drive, 136
Wasserglas, 95
Wasserstoffatom, 75
Wasserstoffbombe, 16
Wechselwirkung
    -elektromagnetische, 55

-schwache, 58
-starke, 57
Wechselwirkungsprozesse, 55
Weg, 45
Weg–Zeit–Diagramm, 121
Welle
   -elektrische, 46
   -elektromagnetische, 46
Welle–Teilchen–Dualismus, 75, 130
Wellen
   –ausbreitung, 95, 109
   –eigenschaften, 119
   –länge, 89, 109
   –paket, 78, 125
   –zahl, 101
Weltall, 60, 133
Weltbild
   -geozentrisches, 37
   -heliozentrisches, 37
Wien, K.W., 70
Wiensches Verschiebungsgesetz, 60, 70
Wirkung, 21, 45, 121, 123
Wormholes, 133
Wurmlöcher, 133, 135

Z

Zahlensystem
   -binäres, 62
   -dezimales, 62
   -hexadezimales, 62
   -oktales, 62
Zeilinger, Anton, 119
Zeit, 18, 45
   –dilatation, 65
   –losigkeit, 69, 88, 102
   –reisen, 133
   –spanne, 41
   –verhalten, 69
   –verlauf, 20
   -absolute, 29
   -imaginäre, 87
Zeiteinheit
   -biologische, 43
zeitfreier Raum, 87
zeitlos, 21, 118
Zeitmaße, 30
   -biologische, 41
Zeitmaschine, 24
zentraler Stoß, 46
Zwölfersystem, 62
Zwillingsparadoxon, 65

Halliday
– bringt Spannung in die Physik

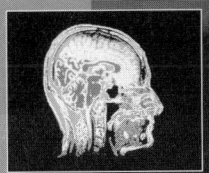

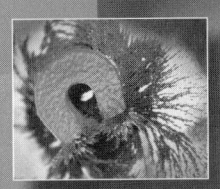

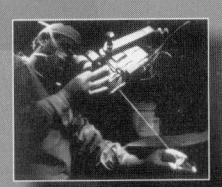

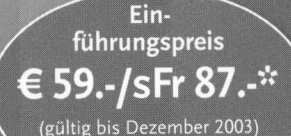

"Dieses Buch ist das Beste!"
Prof. Dr. Gisela Anton, Universität Erlangen-Nürnberg

3-527-40366-3
2003. 1300 S. mit 1600 Abb.
Gebunden.

Einführungspreis
€ 59.-/sFr 87.-*
(gültig bis Dezember 2003)
danach € 69.-/sFr 102.-*

*alle genannten Preise sind Circa-Preise

- Mehr als 3000 Fragen und Aufgaben
- Über 1600 vierfarbige Abbildungen
- Strategische Tipps zur Lösung von Aufgaben
- Lebendige Beispielaufgaben verschiedener Schwierigkeitsgrade
- Übersichtliches und modernes Layout
- Didaktisch ausgewogenes und eingeführtes Konzept
- Umfassendes multimediales Lernkonzept

Der „Halliday" bietet den Stoff, den *alle* brauchen:

- **Hauptfachstudenten** im Grundstudium (inklusive Lehramt) für die 4-semestrige Pflichtvorlesung in Experimentalphysik
- Studenten anderer Fachrichtungen, die Physik als **Nebenfach** belegt haben (Naturwissenschaftler, angehende Ingenieure oder Werkstoffwissenschaftler)
- Als **Nachschlagewerk** auch für Lehrer und Ingenieure hervorragend geeignet
- Gibt Einblicke in neueste **Forschungstendenzen** und **aktuelle Anwendungen** in der Industrie

www.halliday.de

WILEY-VCH

Wiley-VCH · Kundenservice · Postfach 101161 · 69451 Weinheim
Tel. (49) 6201/606-400 · Fax (49) 6201/606-184 · E-Mail: service@wiley-vch.de · www.wiley-vch.de